畜禽场消毒防疫与疾病

鸭场消毒防疫与疾病防制

主编　李连任

河南科学技术出版社

·郑州·

图书在版编目（CIP）数据

鸭场消毒防疫与疾病防制/李连任主编.—郑州：河南科学技术出版社，2017.11

（畜禽场消毒防疫与疾病防制技术丛书）

ISBN 978-7-5349-8995-7

Ⅰ.①鸭…　Ⅱ.①李…　Ⅲ.①鸭-养殖场-卫生防疫管理 ②鸭病-防治　Ⅳ.①S858.32

中国版本图书馆 CIP 数据核字（2017）第 222542 号

出版发行：河南科学技术出版社
地址：郑州市经五路 66 号　　邮编：450002
电话：（0371）65737028　65788613
网址：www.hnstp.cn
策划编辑：陈　艳　陈淑芹
责任编辑：申卫娟
责任校对：李振方
封面设计：张　伟
版式设计：栾亚平
责任印制：张艳芳
印　　刷：河南金雅昌文化传媒有限公司
经　　销：全国新华书店
幅面尺寸：140 mm×202 mm　　印张：5　　彩：2.75　　字数：198 千字
版　　次：2017 年 11 月第 1 版　　2017 年 11 月第 1 次印刷
定　　价：29.80 元

本书编写人员名单

主　　编　李连任
副 主 编　徐从军　黄继成
编写人员　李　童　王学新　黄继成　徐从军
卢纪忠　郭长城　朱　琳　李连任

前　言

近年来，在我国建设农业生态文明的新形势下，规模化养殖得到较快发展，畜禽生产方式也发生了很大的变化，给动物防疫工作提出了更新、更高的要求。同时，随着市场经济体制的不断推进，国内外动物及其产品贸易日益频繁，给各种畜禽病原微生物的污染传播创造了更多的机会和条件，加之畜禽养殖者对动物防疫及卫生消毒工作的认识普及和落实不够，疾病控制已成为制约畜禽养殖业前行的一个“瓶颈”，并对公众健康构成了潜在的威胁。人们不禁要问：为什么现在畜禽疾病难以治疗？

控制畜禽疾病的手段是多方面的，药物预防和治疗固然至关重要，但消毒、防疫、疫苗接种免疫也是不可忽视的。现实生产中，有些养殖场户平时工作做得不细，思想上麻痹大意，认为注射疫苗就是防疫工作的全部内容，做完了疫苗就万事大吉了；有的则无病就不消毒，得病了就手忙脚乱乱消毒，不停地消毒，药物浓度、消毒密度都超出了常规，不合理的消毒制度给畜禽带来了更多的发病机会，让养殖工作步履艰难；在疾病防制过程中，重“治”轻“防（制）”；防制技术落后。其后果是畜禽疾病多发，且难治疗。

正是基于以上认识，本书不使用“防治”而使用“防制”，意在积极倡导消毒防疫、免疫防控、防重于治的理念。我们组织农科院专家学者、职业院校教授和常年工作在生产一线的技术服务人员编写了这套“畜禽场消毒防疫与疾病防制技术丛书”。本丛书以制约养殖场健康发展的畜禽疾病控制为切入点，分为鸡、鸭、鹅、兔、猪、牛、羊7个分册。本书介绍了养鸭场的消毒、防疫、免疫、常见病防制，并配有多幅彩图。书中重点介绍消毒基础知识、消毒常用药物和现场包括环境、场地、圈舍、畜（禽）体、饲养用具、车辆、粪便及污水等的消毒技术、畜禽场的防疫、畜禽疾病的免疫、常见病的防制等知识，在关键技术操作过程、疾病诊断等内容叙述中配有插图，形象直观，通俗易懂，内容丰富，理论阐述深入浅出，技术针对性、指导性和实用性强。

由于编者水平所限，书中若有讹误之处，恳请广大读者不吝指正。

编者

2016年11月

目　录

第一章　鸭场的消毒

第一节　消毒基础知识

当前，随着养殖业集约化程度的不断提高，畜禽大群体、高密度饲养已成常态。伴随着规模化饲养，畜禽受到的应激越来越多，为疾病的传播提供了有利的环境条件，某些原来只在小群散养条件下危害性不大的疾病，也可能会给养殖业带来严重的损失。由于畜禽育种技术的发展，生产性能不断提高，生长发育迅速，育成期短，周转快，不同日龄之间的畜禽出现交叉感染的概率也随之增多。同时，为了控制细菌病的继发或并发感染，有些养殖场（户）采用增加疫苗种类、免疫剂量和次数以及滥用、过量使用抗生素，造成畜禽耐药性增强，发病后难以找到有效药物，且机体内的有益微生物被杀死，菌群严重失调，影响了畜禽的健康水平和生产性能的发挥。

为了使畜禽免受这些微生物的侵袭，快速健康地生长，我们必须制定严格的消毒措施以消除养殖环境中的各种致病微生物。只有秉持“预防为主，防治结合，防重于治”的理念，才能保证养殖生产顺利进行。

一、消毒的概念

微生物是广泛分布于自然界中的一群难以用肉眼观察到的微小生物的统称，包括细菌、真菌、霉形体、螺旋体、支原体、衣原体、立克次体和病毒等。其中有些微生物对畜禽是有益的，主要含有以乳酸菌、酵母菌、光合菌等为主的有益微生物，是畜禽正常生长发育所必需的；另一些则是对动物有害的或致病的，如果这些病原微生物侵入畜禽机体，不仅会引起各种传染病的发生和流行，还会引起皮肤、黏膜（如鼻、眼等）等部位感染。病原微生物引起畜禽的传染病，有传染性和流行性，不仅可造成大批畜禽的死亡和畜禽产品的损失，某些人畜共患疾病还会严重威胁人体的健康。

随着集约化畜牧业的发展，预防畜禽群体发病特别是传染病，已成为现阶段兽医工作的重点。要消灭和消除病原微生物，必不可少的办法就是消毒。

1. 消毒　消毒是指用物理的、化学的和生物的方法清除或杀灭外环境（各种物体、场所、饲料、饮水及动物体表、黏膜、浅体表）中的病原微生物及其他微生物，从而阻止和控制传染病的发生和蔓延。

消毒的含义有两点：①消毒是针对病原微生物和其他有害微生物的，并不要求清除或杀灭所有病原微生物；②消毒是相对的而不是绝对的，它只要求将有害微生物的数量减少到无害程度，而不要求把病原微生物全部杀死。

用于消毒的药物称为消毒剂，即用于杀灭传播媒介上的病原微生物，使其达到无害化要求的制剂。

2. 消毒与灭菌、防腐的区别　灭菌是指用物理或化学的方法杀死物体及环境中一切活的微生物，包括致病性微生物、非致病性微生物及其芽孢、霉菌孢子等。灭菌的含义是绝对的，是指

完全破坏或杀灭所有的微生物。因此，灭菌比消毒的要求高。消毒不一定能达到灭菌的程度，而灭菌一定是达到消毒后的更高要求。用于灭菌的化学药物叫灭菌剂。

防腐是指阻断或抑制微生物（含致病性微生物和非致病性微生物）的生长繁殖，以防止活体组织受到感染或其他生物制品、食品、药品等发生腐败的措施。防腐只能抑制微生物的生长繁殖，而并非必须杀灭微生物，与消毒的区别只是效力强弱的差异或灭菌、抑菌强度上的差异。用于防腐的化学药品称为防腐剂或抑菌剂。常用的消毒剂在低浓度时就可以起到防腐剂的作用。

二、消毒的意义

当前饲养成本不断上升，养殖利润不断减少。引起这种情况的原因，除了饲料原料、饲料、人力成本增加等因素外，养殖成活率低、生产性能差也是最主要的因素之一。因此，增强消毒意识，加强消毒管理，提高成活率及生产性能，是养殖者亟须注意的问题。

1. 预防传染病及其他疾病　传染病是由各种病原体引起的能在人与人、动物与动物或人与动物之间相互传播的一类疾病。病原体中大部分是微生物，小部分为寄生虫，寄生虫引起者又称为寄生虫病。传染病的特点是有病原体、传染性和流行性，感染后常有免疫性。其传播和流行必须具备三个环节，即传染源（能排出病原体的畜禽）、传播途径（病原体传染其他畜禽的途径）及易感畜禽群（对该种传染病无免疫力者）。若能完全切断其中的一个环节，即可防止该种传染病的发生和流行。其中，切断传播途径最有效的方法是消毒、杀虫和灭鼠。因此，消毒是消灭和根除病原体必不可少的手段，也是兽医卫生防疫工作中的一项重要工作，是预防和扑灭传染病的最重要的措施之一。

2. 防止群体和个体交叉感染　在集约化养殖业迅速发展的

今天，消毒工作更加显现出其重要性，并已经成为养鸭生产过程中必不可少的重要环节之一。一般来说，病原微生物感染具有种的特异性。因此，同种间的交叉感染是传染病发生、流行的主要途径。如新城疫只能在禽类中传播流行，一般不会引起其他动物或人的感染发病。但也有些传染病可以在不同种群间流行，如结核病、禽流感等，不仅可以引起禽类共患，还可感染人。

鸭的疫病一般可通过两种方式传播，一是鸭与鸭之间的传播，称为水平传播，包括接触病鸭、污染的垫料垫草、有病原体的尘埃、与病鸭接触过的饲料和饮水，还可通过带病原体的野鸟、昆虫等传播，如新城疫、禽流感、禽霍乱、马立克病等；另一种方式是母鸭将病原体传播给后代，称为垂直传播，如禽白血病、鸭白痢等。防止交叉感染的发生是保证养鸭业健康发展和人类健康的重要措施，消毒是防止鸭个体和群体之间交叉感染的主要手段。

3. 消除非常时期传染病的发生和流行 鸭的疫病水平传播有两条途径，即消化道和呼吸道。消化道途径通常是指带有病原体的粪便污染饮水、用具、物品，主要指病原体对饲料、饮水、笼舍及用具的污染；呼吸道途径主要指通过空气和飞沫传播，被感染动物通过咳嗽、打喷嚏和呼吸等将病原体排入空气中，并可污染环境中的物体。非常时期传染病的流行主要就是通过这两种方式。因此，对空气和环境中的物体消毒具有重要的防病意义。动物门诊、兽医院等地方也是病原微生物比较集中的地方，做好这些地方的消毒工作，对防止动物群体之间传染病的流行也具有重要意义。

4. 预防和控制新发传染病的发生和流行 近年来，我国养鸭业蓬勃发展，但病原对水禽的致病性也发生了改变，形成水禽的许多新发病，如水禽禽流感、坦布苏病毒感染、肉鸭短喙与侏儒综合征、肉鸭心包积液综合征、番鸭白点病、鸭病毒性肝炎以

及鸭传染性浆膜炎等。对鸡敏感的禽流感、新城疫和腺病毒也能感染水禽，以蚊子为宿主的坦布苏病毒可感染鸭，对鹅和番鸭敏感的鹅细小病毒感染樱桃谷鸭等。同时，国外已报道的病原（包括已有病原的其他血清型）在我国出现，对于我国水禽业而言，构成新发传染病。以鸭短喙与侏儒综合征为例，该病在1971年、1995年分别在法国和波兰有报道，我国在2014年也出现该病，造成年鸭发育迟缓，尤其是喙的发育。再以鸭疫里默菌为例，其在国外报道的多个血清型在我国都相继有报道。

特别是国内新出现了一些病原，如鸭传染性肝炎病毒的新型——基因3型出现；以呼肠孤病毒为例，基因2型出现鹅出血性坏死性肝炎、番鸭新肝病、北京鸭脾坏死病等疾病。

面对鸭病流行的新形势，消毒工作显得更为重要。有些疫病，在尚未确定具体传染源的情况下，对有可能被病原微生物污染的物品、场所和动物体等进行的消毒（预防性消毒），可以预防和控制新传染病的发生和流行。同时，一旦发现新的传染病，要立即对病鸭的分泌物、排泄物、污染物、胴体、血污、居留场所、生产车间，与病鸭及其产品接触过的工具、饲槽，工作人员的刀具、工作服、手套、胶鞋，病鸭通过的道路等进行消毒（疫源地消毒），以阻止病原微生物的扩散，切断其传播途径。

5. 维护公共安全和人类健康 养殖环境不卫生，病原微生物种类多、含量高，不仅能引起禽群发生传染病，而且直接影响到禽产品的质量，从而危害人体健康。从社会预防医学和公共卫生学的角度来看，消毒工作在防止和减少人禽共患传染病的发生和蔓延中发挥着重要的作用，是人类环境卫生、身体健康的重要保障。通过全面彻底的消毒，可以阻止人禽共患病的流行，减少对人类健康的危害。

三、消毒的分类

（一）按消毒目的分类

根据消毒的目的不同，可分为疫源地消毒和预防性消毒。

1. 疫源地消毒　是指在有传染源（病鸭或病原携带者）存在的地区进行消毒，以免病原体外传。疫源地消毒又分为随时消毒和终末消毒两种。

（1）随时消毒：是指在鸭场内存在传染源的情况下开展的消毒工作，其目的是随时、迅速杀灭刚排出体外的病原微生物。当鸭群中有个别或少数鸭发生一般性疫病或有突然死亡现象时，立即对所在栏舍进行局部强化消毒，包括对发病和死亡鸭的消毒及无害化处理，对被污染的场所和物体的立即消毒。这种情况的消毒需要多次反复地进行。

（2）终末消毒：是指采用多种消毒方法对全场或部分鸭舍进行全方位的彻底清理与消毒。例如，当被某些烈性传染病感染的鸭群已经死亡、淘汰或痊愈，传染源已不存在，准备解除封锁前应进行的消毒。在全进全出生产系统中，当鸭群全部从栏舍中转出后，对空栏及有关生产工具要进行消毒。春秋季节气候温暖，适宜于各种病原微生物的生长繁殖，因此，春秋两季要进行常规消毒。

2. 预防性消毒　也叫日常消毒，是指在未发生传染病的安全鸭场，为防止传染病的传入，结合平时的清洁卫生工作、饲养管理工作和门卫制度对可能受病原污染的鸭舍、场地、用具、饮水等进行的消毒。主要包括以下内容：

（1）定期消毒：根据气候特点、本场生产实际，对栏舍、舍内空气、饲料仓库、道路、周围环境、消毒池、鸭群、饲料、饮水等制定具体的消毒日期，并且在规定的日期进行消毒。例如，每周一次带鸭消毒，安排在每周三下午；周围环境每月消毒

一次，安排在每月初的某一个晴天。

(2) 生产工具消毒：食槽、水槽（饮水器）、笼具、刺种针、注射器、针头、孵化器等用前必须消毒，每用一次必须消毒一次。

(3) 人员、车辆消毒：任何人、任何车辆、任何时候进入生产区均应经严格消毒。

(4) 鸭转栏前对栏舍的消毒：转栏前对准备转入鸭的栏舍彻底清洗、消毒。

(5) 术部消毒：是对鸭的免疫注射部位的消毒。

（二）按消毒程度分类

按消毒程序的不同，可分为高水平消毒、中水平消毒、低水平消毒。

1. 高水平消毒　高水平消毒是指杀灭一切细菌繁殖体，包括分枝杆菌、病毒、真菌及其孢子和绝大多数细菌芽孢。达到高水平消毒常用的消毒剂包括氯制剂、二氧化氯、邻苯二甲醛、过氧乙酸、过氧化氢、臭氧、碘酊等，在规定的条件下，以合适的浓度和有效的作用时间进行消毒。

2. 中水平消毒　杀灭除细菌芽孢以外的各种病原微生物，包括分枝杆菌，即达到了中水平消毒。常用的消毒剂包括：碘类（碘伏、氯己定碘等）、醇类和氯己定碘的复方、醇类和季铵盐类化合物的复方、酚类等，在规定的条件下，以合适的浓度和有效的作用时间进行消毒。

3. 低水平消毒　低水平消毒能杀灭细菌繁殖体（分枝杆菌除外）和亲脂类病毒，常用消毒方法有化学消毒方法以及通风换气、冲洗等机械除菌法。如采用季铵盐类（苯扎溴铵等）、双胍类消毒剂（氯己定）等，在规定的条件下，以合适的浓度和有效的作用时间进行消毒。

四、影响消毒效果的因素

消毒效果受许多因素的影响，了解和掌握这些因素，可以指导正确进行消毒工作，提高消毒效果；反之，处理不当，只会影响消毒效果，导致消毒失败。影响消毒效果的因素很多，概括起来主要有以下几个方面。

（一）消毒剂的种类

针对所要消毒的微生物特点，选择恰当的消毒剂很重要，如果要杀灭细菌芽孢或非囊膜病毒，则必须选用灭菌剂或高效消毒剂，也可选用物理灭菌法，才能取得较好的消毒效果，若使用酚制剂或季铵盐类消毒剂则效果很差；季铵盐类是阳离子表面活性剂，有杀菌作用的阳离子具有亲脂性，杀革兰氏阳性菌和囊膜病毒效果较好，但对非囊膜病毒就无能为力了。甲紫对葡萄球菌的效果特别强。热对结核杆菌有很强的杀灭作用，但一般消毒剂对其作用要比对常见细菌繁殖体的作用差。所以为了取得理想的消毒效果，必须根据消毒对象及消毒剂本身的特点科学地进行选择，采取合适的消毒方法使其达到最佳消毒效果。

（二）消毒剂的配方

良好的配方能显著提高消毒的效果。如用70%乙醇配制季铵盐类消毒剂比用水配制穿透力强，杀菌效果更好；苯酚若制成甲苯酚的肥皂溶液就可杀死大多数繁殖体微生物；超声波和戊二醛、环氧乙烷联合应用，具有协同效应，可提高消毒效力；另外，用具有杀菌作用的溶剂，如甲醇、丙二醇等配制消毒液时，常可增强消毒效果。当然，消毒药之间也会产生拮抗作用，如酚类不宜与碱类消毒剂混合，阳离子表面活性剂不宜与阴离子表面活性剂（肥皂等）及碱类物质混合，因为它们会发生中和反应，产生不溶性物质，从而降低消毒效果。次氯酸盐和过氧乙酸会被硫代硫酸钠中和。因此，消毒药不能随意混合使用，但可考虑选

择几种产品轮换使用。

（三）消毒剂的浓度

任何一种消毒药的消毒效果都取决于其与微生物接触的有效浓度，同一种消毒剂的浓度不同，其消毒效果也不一样。大多数消毒剂的消毒效果与其浓度成正比，但也有些消毒剂，随着浓度的增大消毒效果反而下降。如乙醇在75%时消毒效果最好。各种消毒剂受浓度影响的程度不同。每一种消毒剂都有它的最低有效浓度，要选择有效而又对人畜安全并对设备无腐蚀的杀菌浓度。消毒液浓度过高，一会造成浪费，二会腐蚀设备，三还可能对鸭造成危害。消毒液用量方面，在喷雾消毒时按每立方米空间30毫升为宜，用量太大会导致舍内过湿，用量太小又达不到消毒效果。一般应灵活掌握，在鸭群发病、育雏前期、温暖天气等情况下应适当加大用量，而天气冷、肉鸭育雏后期用量应减少。

（四）作用时间

消毒剂接触微生物后，要经过一定时间后才能杀死病原，只有少数能立即产生消毒作用，所以要保证消毒剂有一定的作用时间。消毒剂与微生物接触时间越长消毒效果越好，接触时间太短往往达不到消毒效果。被消毒物上微生物数量越多，完全灭菌所需时间越长。此外，部分消毒剂在干燥后就失去消毒作用。

（五）温度

一般情况下，消毒液温度高，药物的渗透能力也会增强，消毒效果可加大，消毒所需要的时间也可以缩短。实验证明，消毒液温度每提高10℃，杀菌效力增加1倍，但配制消毒液的水温以不超过45℃为好。一般温度按等差级数增加，则消毒剂杀菌效果按几何级数增加。许多消毒剂在温度低时，反应速度缓慢，影响消毒效果，甚至不能发挥消毒作用。如福尔马林在室温15℃以下用于消毒时，即使用其有效浓度，也不能达到很好的消毒效果，但室温在20℃以上时，则消毒效果很好。因此，在熏蒸消毒时，需将舍温提高到20℃以上，才有较好的效果。

（六）湿度

湿度对许多气体消毒剂的作用有显著影响。这种影响来自两方面：一是消毒对象的湿度，它直接影响微生物的含水量。如用环氧乙烷消毒时，细菌含水量太多，则需要延长消毒时间；细菌含水量太少，消毒效果亦明显降低。二是消毒环境的相对湿度。每种气体消毒剂都有其适宜的相对湿度范围，如甲醛以相对湿度大于60%为宜，用过氧乙酸消毒时要求相对湿度不低于40%，以60%~80%为宜；熏蒸消毒时需将舍内相对湿度提高到60%~70%才有效果。直接喷洒消毒剂干粉处理地面时，需要有较高的相对湿度，因药物潮解后才能发挥作用，如生石灰单独用于消毒无效，须洒上水或制成石灰乳等。而紫外线消毒时，如相对湿度较高，反而影响穿透力，不利于消毒。

（七）酸碱度（pH 值）

pH 值可从两方面影响消毒效果，一是对消毒的作用，pH 值变化可改变其溶解度、离解度和分子结构；二是对微生物的影响，病原微生物的适宜 pH 值在 6~8，过高或过低的 pH 值有利于杀灭病原微生物。酚类、高氯酸等是以非离解形式起杀菌作用，所以在酸性环境中杀灭微生物的作用较强，碱性环境就差。在偏碱性时，细菌带负电荷多，有利于阳离子型消毒剂作用；而对阴离子消毒剂来说，酸性条件下消毒效果更好些。新型的消毒剂常含有缓冲剂等成分可以减少 pH 值对消毒效果的直接影响。

（八）表面活性和稀释用水的水质

非离子表面活性剂和大分子聚合物可以降低季铵盐类消毒剂的作用；阴离子表面活性剂会影响季铵盐类的消毒作用。因此在用表面活性剂消毒时应格外小心。由于水中金属离子（如 Ca^{2+} 和 Mg^{2+}）对消毒效果也有影响，所以，在稀释消毒剂时，必须考虑稀释用水的硬度问题。如季铵盐类消毒剂在硬水环境中消毒效果

不好，最好选用蒸馏水进行稀释。一种好的消毒剂应该能耐受各种不同的水质，不管是硬水还是软水，消毒效果都不受影响。

一般情况下，配制消毒液不能直接使用井水，最好用自来水。如果非要用井水，可以在其中加入适量的水质软化剂，或适当加大消毒剂的浓度。

（九）污物、残料和有机物的存在

灰尘、残料等都会影响消毒液的消毒效果，尤其在进雏前对育雏用具消毒时，一定要先清洗再消毒，否则污物或残料会严重影响消毒效果，使消毒不彻底。

消毒现场通常会遇到各种有机物，如血液、血清、培养基成分、分泌物、脓液、饲料残渣、泥土及粪便等，这些有机物的存在会严重干扰消毒剂的消毒效果。因为有机物覆盖在病原微生物表面，妨碍消毒剂与病原直接接触而延迟消毒反应，以至于对病原杀不死、杀不全。部分有机物可与消毒剂发生反应生成溶解度更低或杀菌能力更弱的物质，甚至产生的不溶性物质反过来与其他组分一起对病原微生物起到机械保护作用，阻碍消毒过程的顺利进行。同时有机物消耗部分消毒剂，降低了对病原微生物的作用浓度。如蛋白质能消耗大量的酸性或碱性消毒剂；阳离子表面活性剂等易被脂肪、磷脂类有机物所溶解吸收。因此，在消毒前要先清洁再消毒。当然各种消毒剂受有机物影响程度有所不同。在有机物存在的情况下，氯制剂消毒效果显著降低；季铵盐类、过氧化物类等消毒作用也明显地受有机物影响；但烷基化类、戊二醛类及碘伏类消毒剂则受有机物影响就比较小些。对大多数消毒剂来说，当有有机物影响时，需要适当加大处理剂量或延长作用时间。

（十）微生物的类型和数量

不同类型的微生物对消毒剂的敏感性不同，而且每种消毒剂有各自的特点，因此消毒时应根据具体情况科学地选用消毒剂。

为便于消毒工作的进行，往往将病原微生物对杀菌因子抗力分为若干级以作为选择消毒方法的依据。过去，在致病微生物中多以细菌芽孢的抗力最强，分枝杆菌其次，细菌繁殖体最弱。但根据近年来对微生物抗力的研究，微生物对化学因子抗力的排序依次为：感染性蛋白因子（牛海绵状脑病病原体）、细菌芽孢（炭疽杆菌、梭状芽孢杆菌、枯草杆菌等芽孢）、分枝杆菌（结核杆菌）、革兰氏阴性菌（大肠杆菌、沙门杆菌等）、真菌（念珠菌、曲霉菌等）、无囊膜病毒（亲水病毒）或小型病毒（传染性法氏囊病毒、腺病毒等）、革兰氏阳性菌繁殖体（金黄色葡萄球菌、绿脓杆菌等）、囊膜病毒（亲脂病毒等）或中型病毒（新城疫病毒、禽流感病毒等）。其中，抗力最强的不再是细菌芽孢，而是最小的感染性蛋白因子（朊粒）。因此，在选择消毒剂时，应根据这些新的排序加以考虑。

据目前所知，对感染性蛋白因子（朊粒）的灭活只有三种方法效果较好：一是长时间的压力蒸汽处理，132℃（下排气）30 分钟或 134~138℃（预真空）18 分钟；二是浸泡于 1 摩/升氢氧化钠溶液作用 15 分钟，或含 8.25%有效氯的次氯酸钠溶液作用 30 分钟；三是先浸泡于 1 摩/升氢氧化钠溶液内作用 1 小时后，以 121℃压力蒸汽处理 60 分钟。杀芽孢类消毒剂目前公认的主要有戊二醛、甲醛、环氧乙烷及氯制剂和碘伏等。苯酚类制剂、阳离子表面活性剂、季铵盐类等消毒剂对畜禽常见囊膜病毒有很好的消毒效果，但对无囊膜病毒的效果就很差；无囊膜病毒必须用碱类、过氧化物类、醛类、氯制剂和碘伏类等高效消毒剂才能确保有效杀灭。

消毒对象的病原微生物污染数量越多，消毒越困难。因此，对严重污染的物品或高危区域，如孵化室及伤口等破损处应加强消毒，加大消毒剂的用量，延长消毒剂作用时间，并适当增加消毒次数，这样才能达到良好的消毒效果。

五、消毒过程中存在的误区

养鸭户在消毒过程中存在许多误区，致使消毒达不到理想效果。常见消毒误区主要表现在以下几点。

（一）不发疫病不消毒

消毒的主要目的是杀灭传染源的病原体。传染病的发生要有三个基本条件：传染源、传播途径和易感动物。在家禽养殖中，有时没有看到疫病发生，但外界环境已存在传染源，传染源会排出病原体。如果此时没有采取严密的消毒措施，病原体就会通过空气、饲料、饮水等传播途径，侵入易感家禽，引起疫病发生。如果此时仍没有及时采取严密有效的消毒措施，净化环境，环境中的病原体越积越多，达到一定程度时，就会引起疫病蔓延流行，造成严重的经济损失。

因此，家禽消毒一定要及时有效。具体要注意以下三个环节：禽舍内消毒、舍外环境消毒和饮水消毒。家禽消毒每周不少于 3 次，环境消毒每周 1 次，饮水始终要进行消毒并保证清洁。

（二）消毒后就不会发生传染病

这种想法是错误的。因为虽然经过消毒，但并不一定就能收到彻底杀灭病原体的效果，这与选用的消毒剂及消毒方式等因素有关。有许多消毒方法存在着消毒盲区，况且许多病原体都可以通过空气、飞禽、老鼠等多种传播媒介进行传播，即使采取严密的消毒措施，也很难全部切断传播途径。因此，家禽养殖除了进行严密的消毒外，还要结合养殖情况及疫病发生和流行规律，有针对性地进行免疫接种，以确保家禽安全。

（三）消毒剂气味越浓效果越好

消毒剂效果的好坏，不简单地取决于气味。有许多好的消毒剂，如双季铵盐类、复合磺胺类消毒剂，就没有什么气味，但其消毒效果却特别好。因此，选择和使用消毒剂不要考虑气味浓淡，而要看其消毒效果，是否存在消毒盲区。

六、消毒过程中的错误做法

（一）长期单一使用同一类消毒剂

长期单一使用同一种类的消毒剂，会使细菌、病毒等产生耐药性，给以后消毒增加难度。因此，家禽养殖户最好是将几种不同类型、种类的消毒剂交替使用，以提高消毒效果。

同时，消毒液的选用过于单一，无针对性。不同的消毒液对不同的病原体敏感性是不一样的，一般病毒对含碘、溴、过氧乙酸的消毒液比较敏感，细菌对含双链季铵盐类的消毒液比较敏感。所以，在病毒多发的季节或鸭生长阶段（如冬春、商品肉鸭20日龄以后）应多用含碘、溴的消毒液，而细菌病高发时（如夏季、商品肉鸭20日龄以前）应多用含双链季铵盐类的消毒液。

（二）消毒不全面

一般情况下对鸭的消毒方法有三种，即带鸭（喷雾）消毒、饮水消毒和环境消毒。这三种消毒方法可分别切断不同病原的传播途径，相互不能代替。带鸭消毒可杀灭空气中、鸭体表、地面及屋顶墙壁等处的病原体，对预防鸭呼吸道疾病很有意义，还具有降低舍内氨气浓度和防暑降温的作用；饮水消毒可杀灭鸭饮用水中的病原体并净化肠道，对预防鸭肠道病很有意义；环境消毒包括对禽场地面、门口过道及运输车（料车、粪车）等的消毒。很多养殖户认为，经常给鸭饮消毒液，鸭就不会得病。这是错误的认识，饮水消毒操作方法科学合理，可减少鸭肠道病的发生，但对呼吸道疾病无预防作用，必须通过带鸭消毒来实现。因此，只有综合运用上述三种方法给鸭消毒，才能达到消毒目的。

（三）消毒不接续

消毒是一项连续的工作，因此最好不间断。带鸭消毒和饮水消毒的时间间隔如下。

带鸭消毒：育雏期一般第 1 周以后才可带鸭消毒（过早不但影响舍温，而且如果头 1 周防疫做得不周密，会影响早期防疫)，最少每周消毒 1 次，最好 2~3 天消毒 1 次；育成期宜 4~5 天消毒 1 次；产蛋期宜 1 周消毒 1 次；发生疫情时每天消毒 1 次。疫苗接种前后 2~3 天不可带鸭消毒。

饮水消毒：首先需要明白，鸭喝的是消毒过的水，而不是喝消毒药水。饮水消毒有两方面含义：第一，对饮水进行消毒，可防止通过饮水传播疾病。这样的消毒一般使用卤素类消毒液，如漂白粉、氯制剂等，使用氯制剂时，应使有效氯浓度达 3×10^{-6}，或按消毒液说明书上要求的饮水消毒的浓度比的上限来配制，这样浓度的消毒水可连续饮用。第二，净化肠道，一般每周饮 1~2 次，每次 2~3 小时即可，浓度按照消毒液说明书上要求的饮水消毒的浓度比的下限来配制［如标“饮水消毒 1：（1 000~2 000）”，可用 1：1 000 来净化肠道，每周饮 1~2 次；用 1：2 000 来对饮水进行消毒，可连续饮用］。防疫前后 3 天、防疫当天（共 7 天）及用药时，不可进行饮水消毒。

（四）消毒前不做机械性清除

要发挥消毒药物的作用，必须使药物直接接触到病原微生物，但被消毒的现场会存在大量的有机物，如粪便、饲料残渣、畜禽分泌物、体表脱落物以及鼠粪、污水或其他污物，这些有机物中藏有大量病原微生物。同时，消毒药物与有机物，尤其与蛋白质有不同程度的亲和力，可结合成为不溶性的化合物，并阻碍消毒药物作用的发挥。所以说，彻底的机械消除是有效消毒的前提。机械消除前应先将可拆卸的用具如食槽、水槽、笼具等拆下，运至舍外清扫、浸泡、冲洗、刷刮，并反复消毒。

舍内在拆除用具设备之后，从屋顶、墙壁、门窗，直到地面和粪池、水沟等按顺序认真打扫清除，然后用高压水冲洗直至完全干净。在打扫清除之前，最好先用消毒药物喷雾和喷洒，以免病原微生物四处飞扬和顺水流排出，扩散至相邻的畜禽舍及环境中，造成扩散污染。

（五）对消毒程序和全进全出认识不足

消毒应按一定程序进行，不可杂乱无章随心所欲。一般可按下列顺序进行：舍内从上到下（从屋顶、墙壁、门窗至地面）喷洒大量消毒液→搬出和拆卸用具和设备→从上到下清扫→清除粪尿等污物→高压水充分冲洗→干燥→从上到下空中用消毒药液喷雾，雾粒应细，部分雾粒可在空中停留 15 分钟左右→干燥→换另一种类型消毒药物喷雾→安装调试→密闭门窗后用甲醛熏蒸，必要时用 20%石灰浆涂墙（高约 2 米）→将已消毒好的设备及用具搬进舍内安装调试→密闭门窗后用甲醛熏蒸，必要时 3 天后再用过氧乙酸熏蒸一次→封闭空舍 7 ~ 15 天，才可认为消毒程序完成。如急用时，在熏蒸后 24 小时，打开门窗通风 24 小时后使用。有的对全进全出的要求不甚了解，往往在清舍消毒时，将转群或出栏时剩余的数头（只）生长落后或有病无法转出的畜禽留在原舍内，这种做法是错误的。可以说，哪怕在原舍内只存留 1 头（只）畜禽，都不能认为是做到了全进全出。

（六）不能正确使用石灰消毒

石灰是消毒力好，无不良气味，价廉易得，无污染的消毒药，但往往使用不当。新出窑的生石灰是氧化钙，加入相当于生石灰重量 70% ~ 100% 的水，即生成疏松的熟石灰，也即氢氧化钙，只有这种离解出的氢氧根离子具有杀菌作用。有的场、户在入场或畜禽入口池中，堆放厚厚的干石灰，让鞋踏而过，这起不到消毒作用。也有的用放置时间过久的熟石灰做消毒用，但它已吸收了空气中的二氧化碳，成了没有氢氧根离子的碳酸钙，已完全丧失了杀菌消毒作用，所以也不能使用。还有的将石灰粉直接撒在舍内地面上一层，或上面再铺上一薄层垫料，这样常造成雏鸭脚蹼灼伤，或因啄食灼伤口腔及消化道。有的将石灰直接撒在

鸭笼下或圈舍内，致使石灰粉尘大量飞扬，这样必定会使鸭吸入呼吸道内，引起咳嗽、打喷嚏、甩鼻、呼噜等一系列呼吸道症状，人为地造成呼吸道炎症。使用石灰消毒最好的方法是加水配制成10%~20%的石灰乳，用于涂刷鸭舍墙壁1~2次，称为“涂白覆盖”，既可消毒灭菌，又有覆盖污斑、涂白美观的作用。

第二节　常用的消毒设备与消毒防护

根据消毒方法、消毒性质不同，消毒设备也有所不同。消毒工作中，由于消毒方法的种类很多，除了要根据消毒对象的特点和消毒要求选择适当的消毒剂外，还要了解消毒时采用的设备是否适当，以及操作中的注意事项等。同时还需注意，无论采取哪种消毒方式，都要做好消毒人员的自身防护。

常用消毒设备可分为物理消毒设备和化学消毒设备。

一、物理消毒常用设备

物理消毒灭菌技术在动物养殖和生产中具有独特的特点和优势。物理消毒灭菌一般不改变被消毒物品的形状与原有组分，能保持饲料和食物固有的营养价值；不产生有毒有害物质残留，不会造成被消毒灭菌物品的二次污染；一般不影响被消毒物品的形状；对周围环境的影响较小。但是，大多数物理消毒灭菌技术往往操作比较复杂，需要大量的机械设备，而且成本较高。

养鸭场物理消毒主要有紫外线照射、机械清扫、洗刷、通风换气、干燥、煮沸、蒸汽、火焰焚烧等。依照消毒的对象、环节等，需要配备相应的消毒设备。

（一）机械清扫、冲洗设备

机械清扫、冲洗设备主要是高压清洗机，是通过动力装置使高压柱塞泵产生高压水来冲洗物体表面的机器。它能将污垢剥离、冲走，达到清洗物体表面的目的。因为是使用高压水柱清理污垢，所以高压清洗也是世界公认的最科学、经济、环保的清洁方式之一。主要用途是冲洗养殖场场地、畜禽圈舍建筑、养殖场设施设备、车辆和喷洒药剂等。

高压清洗机可分为冷水高压清洗机、热水高压清洗机。两者最大的区别在于，热水清洗机加了一个加热装置，利用燃烧缸把水加热。

1. 分类 按驱动引擎来分，可分为电动机驱动高压清洗机、汽油机驱动高压清洗机和柴油驱动清洗机三大类。顾名思义，这三种清洗机都配有高压泵，不同的是它们分别采用与电动机、汽油机或柴油机相连，由此驱动高压泵运作。汽油机驱动高压清洗机和柴油驱动清洗机的优势在于它们不需要电源就可以在野外作业。

2. 产品原理 高压清洗机是使用高压水柱清理污垢的一种设备。由于水的冲击力大于污垢与物体表面的附着力，所以通过高压水就会将污垢剥离并冲走。

使用时，除非是很顽固的油渍才需要在高压水中加入一点清洁剂，一般情况下，高压清洗机喷出的高压水所产生的泡沫就足以将一般污垢冲洗掉。

（二）紫外线灯

紫外线是一种低能量电磁波，具有较好的杀菌作用。紫外线消毒仅需几秒钟即可对细菌、病毒、真菌、芽孢、衣原体等达到灭活效果，而且运行操作简便，基建投资及运行费用低，因此被广泛应用于畜禽养殖场消毒。

1. 紫外线的消毒原理 利用紫外线照射，使菌体蛋白发生光解、变性，菌体的氨基酸、核酸、酶遭到破坏死亡。同时紫外线通过空气时，使空气中的氧电离产生臭氧，加强了杀菌作用。

2. 紫外线的消毒方法　紫外线多用于空气及物体表面的消毒，波长 2 573 埃（注：1 埃 $=10^{-10}$ 米）。用于空气消毒，有效距离不超过 2 米，照射时间 30～60 分钟；用于物体表面消毒，有效距离在 25～60 厘米，照射时间 20～30 分钟，从灯亮 5～7 分钟开始计时（灯亮需要预热一定时间，才能使空气中的氧电离产生臭氧）。

3. 紫外线的消毒措施

（1）空气消毒均采用紫外线照射时，采用固定式安装，将灯固定吊装在天花板或墙壁上，离地面 2. 5 米左右。灯管下安装金属反射罩，使紫外线反射到天花板上，安装在墙壁上的，反光罩斜向上方，使紫外线照射在与水平面成 3°～80°角范围内，这样使上部空气受到紫外线的直接照射，而当上下层空气对流交换（人工或自然）时，整个空气都会受到消毒。通常每 6～15 米^3 空间用 1 支 15 瓦的紫外线灯。

对实验室、更衣室空气的消毒，在直接照射时每 9 米^2 地板面积需要 1 支 30 瓦的紫外线灯。人员进出场区，要通过消毒间，经过紫外线照射消毒。

空气消毒时，室内所有的柜门、抽屉等都要打开，保证消毒室所有空间充分暴露，都能得到紫外线的照射，做到消毒无死角。

（2）关灯后立即开灯，会减少灯管寿命，应冷却 3～4 分钟后再开，可以连续使用 4 小时，通风散热要好，以保持灯管寿命。

（3）应随时保持消毒室的清洁干燥，每天用消毒液浸泡后的专用抹布擦拭消毒室，用专用拖把拖地。

（4）规范紫外线灯日常监测登记，必须做到分室、分盏进行登记，登记簿中有灯管启用日期、每天消毒时间、累计时间、执行者签名等内容，要求消毒后如实做好记录。

（5）紫外线也可对水进行消毒，优点是水中不必添加其他消毒剂或提高温度。紫外线在水中的穿透力随深度的增加而降低。水中杂质对紫外线穿透力的影响更大。

对水消毒的装置，可呈管道状，使水由一侧流入，另一侧流出；紫外线灯管不能浸于水中，以免降低灯管温度，减少输出强度；流过的水层不宜超过 2 厘米。

直流式紫外线水液消毒器，使用 30 瓦灯管 1 支，每小时可处理约 2 000 升水；套管式紫外线水液消毒器，使水沿外管壁形成薄层流到底部，接受紫外线的充分照射，每小时可生产 150 升无菌水。

（6）在进行紫外线消毒的时候，还要注意保护好个人的眼睛和皮肤，因为紫外线会损伤角膜、皮肤上皮。在进行紫外线消毒的时候，最好不要进入正在消毒的房间。如果必须进入，最好戴上防紫外线的护目镜。

4. 使用紫外线消毒灯注意事项 紫外线灯灯管表面应经常（一般 2 周 1 次）用酒精棉球轻轻擦拭，除去上面的灰尘和油垢，减少对紫外线穿透力的影响；紫外线肉眼看不见，有条件的场应定期测量灯管的输出强度，没有条件的可逐日记录使用时间，以判断是否达到使用期限；消毒时，房间内应保持清洁、干燥，空气中不应有灰尘和水雾，温度保持在 20℃以上，相对湿度不宜超过 60%；紫外线不能穿透的表面（如纸、布等），只有直接照射的一面才能达到消毒目的，因而要按时翻动，使各面都能受到有效照射；人员进场需要进行紫外线消毒时，消毒时间不能过长，以每次消毒 5 分钟为宜；不能让紫外线直接长期照射人的体表和眼睛。

（三）干热灭菌设备

干热灭菌法是热力消毒、灭菌常用的方法之一，它包括焚烧、烧灼和热空气法。

焚烧是用于传染病畜禽尸体、病畜禽垫草、病料以及污染的杂草、地面等的灭菌，可直接点燃或在炉内焚烧；烧灼是直接用火焰进行灭菌，适用于微生物实验室的接种针、接种环、试管、玻璃片等耐热器材的灭菌；热空气法是利用干热空气进行灭菌，主要用于各种耐热玻璃器皿，如试管、吸管、烧瓶及培养皿等实验器材的灭菌。这种灭菌法是在一种特制的电热干燥器内进行的。由于干热的穿透力低，箱内温度上升到160℃后，保持2小时才可保证杀死所有的细菌及其芽孢。

1. 干热灭菌器

（1）干热灭菌器的构造：干热灭菌器也就是烤箱，是由双层铁板制成的方形金属箱，外壁内层装有隔热的石棉板。箱底下放置大型火炉，或在箱壁中装置电热线圈。内壁上有数个孔，供流通空气用。箱前有铁门及玻璃门，箱内有金属箱板架数层。电热烤箱的前下方装有温度调节器，可以保持所需的温度。

（2）干热灭菌器的使用方法：将培养皿、吸管、试管等玻璃器材包装后放入箱内，闭门加热。当温度上升至160~170℃时，保持温度2小时，到达时间后，停止加热，待温度自然下降至40℃以下，方可开门取物，否则冷空气突然进入，易引起玻璃炸裂；且热空气外溢，往往会灼伤取物者的皮肤。一般吸管、试管、培养皿、凡士林、液体石蜡等均可用本法灭菌。

2. 火焰灭菌设备 火焰灭菌法是指用火焰直接烧灼的灭菌方法。该方法灭菌迅速、可靠、简便，适合于耐火材料（如金属、玻璃及瓷器等）与用具的灭菌，不适合药品的灭菌。

所用的设备包括火焰专用型和喷雾火焰兼用型两种。火焰专用型特点是轻便，适用于大型机种无法操作的地方；便于携带，适用于室内外和小、中型面积处，方便快捷；操作容易，打气、按电门，即可发动，按气门钮，即可停止；全部采用不锈钢材料，机件坚固耐用。喷雾火焰兼用型除上述特点外，还具有以下特点：一是节省药剂，可根据被使用的场所和目的不同，用旋转式药剂开关来调节药量；二是节省人工费，用 1 台烟雾消毒器能达到 10 台手压式喷雾器的作业效率；三是消毒彻底，消毒器喷出的直径 5～30 微米的小粒子形成雾状浸透在每个角落，可达到最大的消毒效果。

（四）湿热灭菌设备

湿热灭菌法是热力消毒和灭菌的一种常用方法，包括煮沸消毒法、流通蒸汽消毒法和高压蒸汽灭菌法。

1. 消毒锅　消毒锅用于煮沸消毒，适用于一般器械如刀剪、注射器等金属和玻璃制品及棉织品等的消毒。这种方法简单、实用、杀菌能力比较强，效果可靠，是最古老的消毒方法之一。消毒锅一般使用金属容器，煮沸消毒时要求水沸腾后 5～15 分钟，一般水温能达到 100℃，细菌繁殖体、真菌、病毒等可立即死亡。而细菌芽孢需要的时间比较长，要 15～30 分钟，有的要几个小时才能杀灭。

煮沸消毒时，要注意以下几个问题：

（1）煮沸消毒前，应将物品洗净。易损坏的物品用纱布包好再放入水中，以免沸腾时互相碰撞。不透水物品应垂直放置，以利于水的对流。水面应高于物品。消毒器应加盖。

（2）消毒时，应自水沸腾后开始计算时间，一般需 15～20 分钟（各种器械煮沸消毒时间见表 1. 1）。对注射器或手术器械灭菌时，应煮沸 30～40 分钟。加入 2%碳酸钠溶液，可防锈，并可提高沸点（水中加入 1%碳酸钠溶液，沸点可达 105℃），加速微生物的死亡。

表 1.1　各种器械煮沸消毒参考时间

消毒对象	消毒参考时间（分钟）
玻璃类器材	20~30
橡胶类及电木类器材	5~10
金属类及搪瓷类器材	5~15
接触过传染病料的器材	>30

（3）对棉织品煮沸消毒时，一次放置的物品不宜过多。煮沸时应略加搅拌，以利于水的对流。物品加入较多时，煮沸时间应延长到 30 分钟以上。

（4）消毒时，物品间勿贮留气泡；勿放入能增加黏稠度的物质。消毒过程中，水应保持连续沸腾，中途不得加入新的污染物品，否则消毒时间应从水再次沸腾后重新计算。

（5）消毒时，物品因无外包装，事后取出和放置时谨防再污染。对已灭菌的无包装医疗器材，取用和保存时应严格按无菌操作的要求进行。

2. 高压蒸汽灭菌器

（1）高压蒸汽灭菌器的结构：高压蒸汽灭菌器是一个双层的金属圆筒，两层之间盛水，外层坚固厚实，其上方有金属厚盖，盖旁附有螺旋，借以紧闭盖门，使蒸汽不能外溢，因而蒸汽压力升高，温度亦相应地增高。

高压蒸汽灭菌器上装有排气阀门、安全活塞，以调节蒸汽压力。有温度计及压力表，以表示内部的温度和压力。灭菌器内装有带孔的金属搁板，用以放置要灭菌的物品。

（2）高压蒸汽灭菌器的使用方法：加水至外筒内，将被灭菌物品放入内筒。盖上灭菌器盖，拧紧螺旋使之密闭。灭菌器下用煤气或电炉等加热，同时打开排气阀门，排净其中冷空气，否则压力表上所示压力并非全部是蒸汽压力，灭菌将不完全。

待冷空气全部排出后（即水蒸气从排气阀中连续排出时），关闭排气阀。继续加热，待压力表渐渐升至所需压力时（一般是101.53千帕，即15磅/英寸^2，温度为121.3℃），调节炉火，保持压力和温度（注意压力不要过大，以免发生意外），维持15~30分钟。灭菌时间达到后，停止加热，待压力降至零时，慢慢打开排气阀，排出余气，开盖取物。切不可在压力尚未降为零时突然打开排气阀门，以免灭菌器中液体喷出。

高压蒸汽灭菌法为湿热灭菌法，其优点有三：一是湿热灭菌时菌体蛋白容易变性，二是湿热穿透力强，三是蒸气变成水时可放出大量热增强杀菌效果，因此，它是效果最好的灭菌方法。凡耐高温和潮湿的物品，如培养基、生理盐水、衣服、纱布、棉花、敷料、玻璃器材、传染性污物等都可应用本法灭菌。

3. 流通蒸汽灭菌器 流通蒸汽消毒设备的种类很多，比较理想的是流通蒸汽灭菌器。

流通蒸汽灭菌器由蒸汽发生器、蒸汽回流、消毒室和支架等构成。蒸汽由底部进入消毒室，经回流罩再返回到蒸汽发生器内，这种蒸汽消耗少，只需维持较小火力即可。

流通蒸汽消毒时，消毒时间应从水沸腾后有蒸汽冒出时算起，消毒时间同煮沸法，消毒物品包装不宜过大、过紧，吸水物品不要浸湿后放入；因在常压下，蒸汽温度只能达到100℃，维持30分钟只能杀死细菌的繁殖体，不能杀死细菌芽孢和霉菌孢子，所以有时必须使用间歇灭菌法，即用蒸汽灭菌器或用蒸笼加热至约100℃维持30分钟，每天进行1次，连续3天。每天消毒完后都必须将被灭菌的物品取出放在室温或37℃温箱中过夜，提供芽孢发芽所需的条件。对不具备芽孢发芽条件的物品不能用此法灭菌。

二、化学消毒常用设备

化学消毒时常用的是喷雾器。喷雾器有背负式喷雾器和机动喷雾器。背负式喷雾器又有压杆式喷雾器和充电式喷雾器，适用于小面积环境消毒和带鸭消毒。机动喷雾器按其所使用的动力来划分，主要有电动（交流电或直流电）和气动两种，每种又有不同的型号，适用于鸭舍外环境和空舍消毒，在实际应用时要根据具体情况选择合适的喷雾器。

在使用喷雾器进行消毒时要注意：固体消毒剂有残渣或溶化不全时，容易堵塞喷嘴，因此不能直接在喷雾器的容器内配制消毒剂，而要在其他容器内配制好以后经喷雾器的过滤网装入喷雾器的容器内。压杆式喷雾器容器内药液不能装得太满，否则不易打气。配制消毒剂的水温不宜太高，否则易使喷雾器的塑料桶身变形，而且喷雾时不顺畅。使用完毕，将剩余药液倒出，用清水冲洗干净，倒置，打开一些零部件，等晾干后再装起来。

喷雾时，房舍应密闭，关闭门、窗和通风口，减少空气流动。在喷雾完后15~20分钟再开启门窗。如选用直径为59微米以下的喷雾器时，喷雾枪口应在家禽头上方约30厘米处喷射，可在禽体周围形成良好的雾化区，雾滴粒子不会立即沉降而是在空间悬浮适当时间。

三、消毒防护

无论采取哪种消毒方式，都要注意消毒人员的自身防护。消毒防护，首先要严格遵守操作规程和注意事项，其次要注意消毒人员以及消毒区域内其他人员的防护。防护措施要根据消毒方法的原理和操作规程而有针对性。例如进行喷雾消毒和熏蒸消毒就应穿上防护服，戴上眼镜和口罩；进行紫外线直接照射消毒，室内人员都应该离开，避免直接照射，进出养殖场人员通过消毒室进行紫外线照射消毒时，眼睛不能看紫外线灯，避免眼睛受到灼伤。

常用的个人防护用品可以参照国家标准进行选购，防护服应该配帽子、口罩和鞋套。

（一）防护服要求

防护服应做到防酸碱、防水、防寒、挡风、透气等。

1. 防酸碱 在消毒过程中，要求防护服能防酸碱、耐腐蚀。在工作完毕或离开疫区时，能用消毒液高压喷淋、洗涤消毒。

2. 防水 防水好的防护服材料，在 1 米^2 的防水布料薄膜上就有 14 亿个微细孔，一颗水珠比这些微细孔大 2 万倍，因此，水珠不能穿过薄膜层而湿润布料，不会被弄湿，可保证操作中的防水效果。

3. 防寒、挡风 防护服材料极小的微细孔应呈不规则排列，可阻挡冷风及寒气的侵入。

4. 透气 材料微孔直径应大于汗液分子 700～800 倍，汗气可以穿透面料，即使在工作量大、体液蒸发较多时也感到干爽舒适。

（二）防护用品规格

1. 防护服 一次性使用的防护服应符合《医用一次性防护服技术要求》（GB 19082—2003）。外观应干燥、清洁、无尘、无霉斑，表面不允许有斑疤、裂孔等缺陷；针线缝合采用针缝加胶合或做折边缝合，针距要求每 3 厘米缝合 8～10 针，针次均匀、平直，不得有跳针。

2. 防护口罩 应符合《医用防护口罩技术要求》（GB 19083—2003）。

3. 防护眼镜 应视野宽阔，透亮度好，有较好的防溅性能，佩戴有弹力带。

4. 手套 医用一次性乳胶手套或橡胶手套。

5. 鞋及鞋套　为防水、防污染鞋套，如长筒胶鞋。

（三）防护用品的使用

1. 穿戴防护用品顺序

步骤1：戴口罩。平展口罩，双手平拉推向面部，捏紧鼻夹使口罩紧贴面部；左手按住口罩，右手将护绳绕在耳根部；右手按住口罩，左手将护绳绕向耳根部；双手上下拉口边沿，使其盖至眼下和下巴。

戴口罩的注意事项：佩戴前先洗手；摘戴口罩前，要保持双手洁净，尽量不要触碰口罩内侧，以免手上的细菌污染口罩；口罩每隔4小时更换1次；佩戴面纱口罩要及时清洗，并且高温消毒后晾晒，最好在阳光下晒干。

步骤2：戴帽子。戴帽子时注意双手不要接触面部，帽子的下沿应遮住耳的上沿，头发尽量不要露出。

步骤3：穿防护服。

步骤4：戴防护眼镜。注意双手不要接触面部。

步骤5：穿鞋套或胶鞋。

步骤6：戴手套。将手套套在防护服袖口外面。

2. 脱掉防护用品顺序

步骤1：摘下防护镜，放入消毒液中。

步骤2：脱掉防护服，将反面朝外，放入黄色塑料袋中。

步骤3：摘掉手套，一次性手套应将反面朝外，放入黄色塑料袋中，橡胶手套放入消毒液中。

步骤4：将手指反掏进帽子，将帽子轻轻摘掉，反面朝外，放入黄色塑料袋中。

步骤5：脱下鞋套或胶鞋，将鞋套反面朝外，放入黄色塑料袋中，将胶鞋放入消毒液中。

步骤6：摘口罩，一手按住口罩，另一只手将口罩带摘下，放入黄色塑料袋中，注意双手不接触面部。

（四）防护用品使用后的处理

消毒结束后，执行消毒的人员需要进行自洁处理，必要时更换防护服对其做消毒处理。有些废弃的污染物包括使用后的一次性隔离衣裤、口罩、帽子、手套、鞋套等不能随便丢弃，应有一定的消毒处理方法，这些方法应该安全、简单、经济。

基本要求：污染物应装入盒或袋内，以防止操作人员接触；防止污染物接近人、鼠或昆虫；不应污染表层土壤、表层水及地下水；不应造成空气污染。污染废弃物应当严格清理检查，清点数量，根据材料性质进行分类，分成可焚烧处理的和不可焚烧处理的两大类。干性可燃污染废物进行焚烧处理；不可燃废物浸泡消毒。

（五）培养良好的防护意识和防护习惯

作为消毒人员，不仅应该熟悉各种消毒方法、消毒程序、消毒器械和常用消毒剂的使用，还应该熟悉微生物和传染病检疫防疫知识，能够对疫源地的污染菌做出判断。

由于动物防疫检疫人员或消毒人员长期暴露于病原体污染的环境下，从事消毒工作的人员应该具备良好的防护意识，养成良好的防护习惯，加强消毒人员自身防护，防止和控制人畜共患病的发生。例如，在干热灭菌时防止燃烧；压力蒸汽灭菌时防止爆炸事故及操作人员的烫伤事故；使用气体化学消毒时，防止有毒消毒气体的泄漏，经常检测消毒环境中气体的浓度，对环氧乙烷气体还应防止燃烧、爆炸事故；接触化学消毒灭菌时，防止过敏和皮肤黏膜的伤害等。

第三节　常用的化学消毒剂

利用化学消毒剂杀灭传播媒介上的病原微生物以达到预防感

染、控制传染病传播和流行的方法称为化学消毒法。化学消毒法具有适用范围广，消毒效果好，无须特殊仪器和设备，操作简便易行等特点，是目前兽医消毒工作中最常用的方法。化学消毒法要使用化学消毒剂。

一、化学消毒剂的分类

用于杀灭传播媒介上病原微生物的化学药物称为化学消毒剂。化学消毒剂的种类很多，分类方法也有多种。

（一）按杀菌能力分类

消毒剂按照其杀菌能力可分为高效消毒剂、中效消毒剂、低效消毒剂等三类。

1. 高效消毒剂　可杀灭各种细菌繁殖体、病毒、真菌及其孢子等，对细菌芽孢也有一定杀灭作用，达到高水平消毒要求，包括含氯消毒剂、臭氧、甲基乙内酰脲类化合物、双链季铵盐等。其中可使物品达到灭菌要求的高效消毒剂又称为灭菌剂，包括甲醛、戊二醛、环氧乙烷、过氧乙酸、过氧化氢等。

2. 中效消毒剂　能杀灭细菌繁殖体、分枝杆菌、真菌、病毒等微生物，达到消毒要求，包括含碘消毒剂、醇类消毒剂、酚类消毒剂等。

3. 低效消毒剂　仅可杀灭部分细菌繁殖体、真菌和有囊膜病毒，不能杀死结核杆菌、细菌芽孢和较强的真菌和病毒，达到消毒剂要求，包括苯扎溴铵等季铵盐类消毒剂、氯己定（洗必泰）等双胍类消毒剂，汞、银、铜等金属离子类消毒剂及中草药消毒剂。

（二）按化学成分分类

常用的化学消毒剂按其化学成分的不同可分为以下几类：

1. 卤素类消毒剂　这类消毒剂有含氯消毒剂类、含碘消毒剂类及卤化海因类消毒剂等。

（1）含氯消毒剂：可分为有机氯消毒剂和无机氯消毒剂两类。目前常用的有二氯异氰尿酸钠及其复方消毒剂、氯化磷酸三钠、液氯、次氯酸钠、三氯异氰尿酸、氯尿酸钾、二氯异氰尿酸等。

（2）含碘消毒剂：可分为无机碘消毒剂和有机碘消毒剂，如碘伏、碘酊、碘甘油、PVP 碘、洗必泰碘等。碘伏对各种细菌繁殖体、真菌、病毒均有杀灭作用，受有机物影响大。

（3）卤化海因类消毒剂：为高效消毒剂，对细菌繁殖体及芽孢、病毒、真菌均有杀灭作用。目前国内外使用的这类消毒剂有三种：二氯海因（二氯二甲基乙内酰脲，DCDMH）、二溴海因（二溴二甲基乙内酰脲，DBDMH）、溴氯海因（溴氯二甲基乙内酰脲，BCDMH）。

2. 氧化剂类消毒剂 常用的有过氧乙酸、过氧化氢、臭氧、二氧化氯、酸性氧化电位水等。

3. 烷基化气体类消毒剂 这类化合物中主要有环氧乙烷、环氧丙烷和乙型丙内酯等，其中以环氧乙烷应用最为广泛，杀菌作用强大，灭菌效果可靠。

4. 醛类消毒剂 常用的有甲醛、戊二醛等。戊二醛是第三代化学消毒剂的代表，被称为冷灭菌剂，灭菌效果可靠，对物品腐蚀性小。

5. 酚类消毒剂 这是一类古老的中效消毒剂，常用的有石炭酸、来苏儿、复合酚类（农福）等。由于酚消毒剂对环境有污染，目前有些国家限制使用酚消毒剂。这类消毒剂在我国的应用也趋向逐步减少，有被其他消毒剂取代的趋势。

6. 醇类消毒剂 主要用于皮肤术部消毒，如乙醇、异丙醇等消毒剂。这类消毒剂可以杀灭细菌繁殖体，但不能杀灭芽孢，属中效消毒剂。近来的研究发现，醇类消毒剂与戊二醛、碘伏等配伍，可以增强消毒效果。

7. 季铵盐类消毒剂　单链季铵盐类消毒剂是低效消毒剂，一般用于皮肤黏膜的消毒和环境表面消毒，如新洁尔灭、度米芬等。双链季铵盐阳离子表面活性剂，不仅可以杀灭多种细菌繁殖体，而且对芽孢有一定杀灭作用，属于高效消毒剂。

8. 双胍类消毒剂　是一类低效消毒剂，不能杀灭细菌芽孢，但对细菌繁殖体的杀灭作用强大，一般用于皮肤黏膜的防腐，也可用于环境表面的消毒，如氯己定（洗必泰）等。

9. 酸碱类消毒剂　常用的酸类消毒剂有乳酸、醋酸、硼酸、水杨酸等；常用的碱类消毒剂有氢氧化钠（苛性钠）、氢氧化钾（苛性钾）、碳酸钠（纯碱）、氧化钙（生石灰）等。

10. 重金属盐类消毒剂　主要用于皮肤黏膜的消毒防腐，有抑菌作用，但杀菌作用不强。常用的有红汞、硫柳汞、硝酸银等。

（三）按性状分类

消毒剂按性状可分为固体消毒剂、液体消毒剂和气体消毒剂三类。

二、化学消毒剂的选择与使用

（一）选择适宜的消毒剂

化学消毒是生产中最常用的方法。但市场上的消毒剂种类繁多，其性质与作用不尽相同，消毒效力千差万别。所以，消毒剂的选择至关重要，关系到消毒效果和消毒成本，必须选择适宜的消毒剂。

1. 优质消毒剂的标准　优质的消毒剂应具备如下条件：

（1）杀菌谱广，有效浓度低，作用速度快。

（2）化学性质稳定，且易溶于水，能在低温下使用。

（3）不易受有机物、酸、碱及其他理化因素的影响。

（4）毒性低，刺激性小，对人畜危害小，不残留在畜禽产品中，腐蚀性小，使用无危险。

（5）无色、无味、无臭，消毒后易于去除残留药物。

（6）价格低廉，使用方便。

2. 适宜消毒剂的选择

（1）考虑消毒病原微生物的种类和特点：不同种类的病原微生物，如细菌、细菌芽孢、病毒及真菌等，对消毒剂的敏感性有较大差异，即其对消毒剂的抵抗力有强有弱。消毒剂对病原微生物也有一定选择性，其杀菌、杀病毒力也有强有弱。针对病原微生物的种类与特点，选择合适的消毒剂，这是消毒工作成败的关键。例如，要杀灭细菌芽孢，就必须选用高效的消毒剂，才能取得可靠的消毒效果；季铵盐类是阳离子表面活性剂，其有杀菌作用的阳离子具有亲脂性，而革兰氏阳性菌的细胞壁含类脂多于革兰氏阴性菌，故革兰氏阳性菌更易被季铵盐类消毒剂灭活；如为杀灭病毒，应选择对病毒消毒效果好的碱类消毒剂、季铵盐类消毒剂及过氧乙酸等。同一种类病原微生物所处的不同状态，对消毒剂的敏感性也不同，同一种类细菌的繁殖体比其芽孢对消毒剂的抵抗力弱得多，生长期的细菌比静止期的细菌对消毒剂的抵抗力也低。

（2）考虑消毒对象：不同的消毒对象，对消毒剂有不同的要求。选择消毒剂时既要考虑对病原微生物的杀灭作用，又要考虑消毒剂对消毒对象的影响。

（3）考虑消毒的时机：平时消毒，最好选用对大范围的细菌、病毒、霉菌等均有杀灭效果，而且是低毒、无刺激性和腐蚀性，对畜禽无危害，产品中无残留的常用消毒剂。在发生特殊传染病时，可选用任何一种高效的非常用消毒剂，因为是在短期间内应急防疫的情况下使用，所以无须考虑其对消毒物品有何影响，而是把防疫灭病的需要放在第一位。

（4）考虑消毒剂的生产厂家：目前生产消毒剂的厂家和产

品种类较多，产品的质量参差不齐，效果不一，所以选择消毒剂时应注意消毒剂的生产厂家，选择生产规范、信誉度高的厂家的产品。同时要防止购买假冒伪劣产品。

（二）化学消毒剂的使用

1. 化学消毒剂的使用方法　化学消毒剂的使用方法很多，常用的方法有以下几种：

（1）浸泡法：选用杀菌谱广、腐蚀性弱、水溶性消毒剂，将物品浸没于消毒剂内，在标准的浓度和时间内，达到消毒灭菌的目的。浸泡消毒时，消毒液连续使用过程中，消毒有效成分不断消耗，因此需要注意有效成分浓度变化，应及时添加或更换消毒液。当使用低效消毒剂浸泡时，需注意消毒液被污染的问题，要避免疫源性的感染。

（2）擦拭法：选用易溶于水、穿透性强的消毒剂，擦拭物品表面或动物体表皮肤、黏膜、伤口等处，在标准的浓度和时间里达到消毒灭菌的目的。

（3）喷洒法：将消毒液均匀喷洒在被消毒物体上。如用5%来苏儿溶液喷洒消毒畜禽舍地面等。

（4）喷雾法：将消毒液通过喷雾形式对物体表面、畜禽舍或动物体表进行消毒。

（5）发泡（泡沫）法：此法是自体表喷雾消毒后，开发的又一新的消毒方法。所谓发泡消毒是把高浓度的消毒液用专用的发泡机制成泡沫散布在畜禽舍内面及设施表面。主要用于水资源贫乏的地区，或为了避免消毒后的污水进入污水处理系统，破坏活性污泥的活性，一般用水量仅为常规消毒法的1/10。采用发泡消毒法，对一些形状复杂的器具、设备进行消毒时，由于泡沫能较好地附着在消毒对象的表面，故能得到较为一致的消毒效果，且由于泡沫能较长时间附着在消毒对象表面，延长了消毒剂的作用时间。

(6) 洗刷法：用毛刷等蘸取消毒剂溶液在消毒对象表面洗刷。如外科手术前，术者的手可以使用洗手刷在0.1%新洁尔灭溶液中洗刷消毒。

(7) 冲洗法：将配制好的消毒液冲入直肠、瘘管、阴道等部位或冲洗物体表面进行消毒。这种方法消耗大量的消毒液，一般较少使用。

(8) 熏蒸法：通过加热或加入氧化剂，使消毒剂呈气体或烟雾状态，在标准的浓度和时间里达到消毒灭菌目的。适用于畜禽舍内物品及空气消毒、精密贵重仪器和不能蒸、煮、浸泡消毒的物品的消毒。环氧乙烷、甲醛、过氧乙酸以及含氯消毒剂均可通过此种方式进行消毒，熏蒸消毒时，环境湿度是影响消毒效果的重要因素。

(9) 撒布法：是将粉剂型消毒剂均匀地撒布在消毒对象表面。如含氯消毒剂可直接用药物粉剂进行消毒处理，通常用于地面消毒。消毒时，需要较高的湿度使药物潮解才能发挥作用。

化学消毒剂的使用方法应依据化学消毒剂的特点、消毒对象的性质及消毒现场的特点等因素合理选择。多数消毒剂既可以浸泡、擦拭消毒，也可以喷雾处理，根据需要选用合适的消毒方法。如只在液体状态下才能发挥出较好消毒效果的消毒剂，一般采用液体喷洒、喷雾、浸泡、擦拭、洗刷、冲洗等方式。对空气或空间进行消毒时，可使用部分消毒剂进行熏蒸。同样消毒方法对不同性质的消毒对象，效果往往也不同。如光滑的表面，喷洒药液不易停留，应以冲洗、擦拭、洗刷为宜。较粗糙表面，易使药液停留，可用喷洒、喷雾消毒。消毒还应考虑现场条件，在密闭性好的室内消毒时，可用熏蒸消毒；密闭性差的则应用消毒液喷洒、喷雾、擦拭、洗刷的方法。

2. 化学消毒法的选择

(1) 根据病原微生物选择：由于各种微生物对消毒因子的

抵抗力不同，所以要有针对性地选择消毒方法。一般认为，微生物对消毒因子的抵抗力从低到高的顺序为：亲脂病毒（乙肝病毒、流感病毒）、细菌繁殖体、真菌、亲水病毒（甲型肝炎病毒、脊髓灰质炎病毒）、分枝杆菌、细菌芽孢、朊病毒。对于一般细菌繁殖体、亲脂性病毒、螺旋体、支原体、衣原体和立克次体等，可用煮沸消毒或低效消毒剂等常规消毒方法，如新洁尔灭、洗必泰等；对于结核杆菌、真菌等耐受力较强的微生物，可选择中效消毒剂与热力消毒方法；对于污染抗力很强的细菌芽孢需采用热力、辐射及高效消毒剂的方法，如过氧化物类、醛类与环氧乙烷等。另外真菌孢子对紫外线抵抗力强，季铵盐类对肠道病毒无效。

（2）根据消毒对象选择：同样的消毒方法对不同性质的物品消毒效果往往不同。例如物体表面可擦拭、喷雾，而触及不到的表面可用熏蒸，小物体还可以浸泡。在消毒时，还要注意保护被消毒物品，使其不受损害。如皮毛制品不耐高温，对于餐具、茶具和饮水等不能使用有毒或有异味的消毒剂消毒等。

（3）根据消毒现场选择：进行消毒的环境往往是复杂的，对消毒方法的选择及效果的影响也是多样的。如进行畜禽舍消毒，密闭性相对较好的，可以选用熏蒸消毒；密闭性差的最好用液体消毒剂处理。对物品表面消毒时，耐腐蚀的物品用喷洒的方法好，怕腐蚀的物品要用无腐蚀或低腐蚀的化学消毒剂擦拭的方法消毒。对垂直墙面的消毒，光滑表面药物不易停留，使用冲洗或药物擦拭方法效果较好；粗糙表面较易濡湿，以喷雾处理较好。进行室内空气消毒时，通风条件好的可以利用自然换气法；若通风不好，污染空气长期滞留在建筑物内的，可以使用药物熏蒸或气溶胶喷洒等方法处理。又如对空气的紫外线消毒，当室内有人时只能用反向照射法（向上方照射），以免对人和畜禽造成伤害。

用普通喷雾器喷雾时，地面喷雾量为200～300毫升/米^2，其他消毒剂溶液喷洒至表面湿润，要湿而不流，一般用量50～200毫升/米^2。应按照先上后下、先左后右的方法，依次进行消毒。超低容量喷雾只适用于室内使用，喷雾时，应关好门窗，消毒剂溶液要均匀覆盖在物品表面上。喷雾结束30～60分钟后，打开门窗，散去空气中残留的消毒剂。

喷洒有刺激性或腐蚀性的消毒剂时，消毒人员应戴防护口罩和眼镜。所用清洁消毒工具（抹布、拖把、容器）每次用后用清水冲洗，悬挂晾干备用，有污染时用250～500毫克/升有效氯消毒液浸泡30分钟，用清水清洗干净，晾干备用。

（4）根据安全性选择：选用消毒方法应考虑安全性，例如，在人群集中的地方，不宜使用具有毒性和刺激性的气体消毒剂，在距火源（50米以内）的场所，不能使用大量环氧乙烷气体消毒。

（5）根据卫生防疫要求选择：在发生传染病的重点地区，要根据卫生防疫要求，选择合适的消毒方法，加大消毒剂量和消毒频次，以提高消毒质量和效率。

（6）根据消毒剂的特性选择：应用化学消毒剂，严格注意药物性质、配制浓度，消毒剂量和配制比例应准确，应随配随用，防止过期。应按规定保证足够的消毒时间，注意温度、湿度、pH值，特别是有机物以及被消毒物品性质和种类对消毒的影响。

3. 化学消毒剂使用注意事项 化学消毒剂使用前应认真阅读说明书，搞清消毒剂的有效成分及含量，看清标签上的标示浓度及稀释倍数。消毒剂均以含有效成分的量表示，如含氯消毒剂以有效氯含量表示，60%二氯异氰尿酸钠为原粉中含60%有效氯，20%过氧乙酸指原液中含20%的过氧乙酸，5%新洁尔灭指原液中含5%的新洁尔灭。对这类消毒剂稀释时不能将其当成

100%计算使用浓度，而应按其实际含量计算。使用量以稀释倍数表示时，表示1份的消毒剂以若干份水稀释而成，如配制稀释倍数为1 000倍时，即在每升水中加1毫升消毒剂。

使用量以“%”表示时，消毒剂浓度稀释配制计算公式为：$c_1V_1=c_2V_2$（c_1为稀释前溶液浓度，c_2为稀释后溶液浓度，V_1为稀释前溶液体积，V_2为稀释后溶液体积）。

应根据消毒对象的不同，选择合适的消毒剂和消毒方法，联合或交替使用，以使各种消毒剂的作用优势互补，做到全面彻底地消灭病原微生物。

不同消毒剂的毒性、腐蚀性及刺激性均不同。如含氯消毒剂、过氧乙酸、二氧化氯等对金属制品有较大的腐蚀性，对织物有漂白作用，慎用于这些材质的物品；如果使用，应在消毒后用水漂洗或用清水擦拭，以减轻对物品的损坏。预防性消毒时，应使用推荐剂量的低限。盲目、过度使用消毒剂，不仅造成浪费损坏物品，还会大量地杀死许多有益微生物，而且残留在环境中的化学物质越来越多，成为新的污染源，对环境造成严重后果。

大多数消毒剂有效期为1年，少数消毒剂不稳定，有效期仅为数月，如有些含氯消毒剂溶液。有些消毒剂原液比较稳定，但稀释成使用液后不稳定，如过氧乙酸、过氧化氢、二氧化氯等消毒液，稀释后不能放置时间过长。有些消毒液只能现生产现用，不能储存，如臭氧水、酸性氧化电位水等。

配制和使用消毒剂时应注意个人防护，注意安全，必要时应戴防护眼镜、口罩和手套等。消毒剂仅用于物体及外环境的消毒处理，切忌内服。

多数消毒剂在常温下于阴凉处避光保存。部分消毒剂易燃易爆，保存时应远离火源，如环氧乙烷和醇类消毒剂等。千万不要用盛放食品、饮料的空瓶灌装消毒液，如使用必须撤去原来的标签，贴上一张醒目的消毒剂标签。消毒液应放在儿童拿不到的地方，不要将消毒液放在厨房或与食物混放。万一误用了消毒剂，应立即采取紧急救治措施。

4. 化学消毒剂误用或中毒后的紧急处理 大量吸入化学消毒剂时，要迅速从有害环境撤到空气清新处，更换被污染的衣物，对手和其他暴露皮肤进行清洗，如大量接触或有明显不适时，要尽快就近就诊；皮肤接触高浓度消毒剂后，要及时用大量流动清水冲洗，再用淡肥皂水清洗，如皮肤仍有持续疼痛或刺激症状，要在冲洗后就近就诊；化学消毒剂溅入眼睛后立即用流动清水持续冲洗不少于 15 分钟，如仍有严重的眼花、局部疼痛、畏光、流泪等症状，要尽快就近就诊；误服化学消毒剂中毒时，成年人要立即口服牛奶 200 毫升，也可服用生蛋清 3~5 个。一般还要催吐、洗胃。含碘消毒剂中毒可立即服用大量米汤、淀粉浆等。出现严重胃肠道症状者，应立即就近就诊。

三、常用化学消毒剂

20 世纪 50 年代以来，世界上出现了许多新型化学消毒剂，逐渐取代了一些古老的消毒剂。碘释放剂、氯释放剂、长链季铵、双长链季铵、戊二醛、二氧化氯等都是 20 世纪 50~70 年代逐渐发展起来的。进入 20 世纪 90 年代，消毒剂在类型上没有重大突破，但组配复方制剂增多。国际市场上消毒剂商品名目繁多。美国人医与兽医用的消毒剂品名有 1 400 多种，但其中 92% 是由 14 种成分配制而成。我国消毒剂市场发展也很快，消毒剂的商品名已达 50~60 种，但按成分分类只有 7~8 种。

（一）醛类消毒剂

醛类消毒剂是使用最早的一类化学消毒剂，这类消毒剂抗菌谱广、杀菌作用强，具有杀灭细菌、芽孢、真菌和病毒的作用；性能稳定、容易保存和运输、腐蚀性小，而且价格便宜。广泛应用于畜禽舍的环境、用具、设备的消毒，尤其对疫源地芽孢消

毒。近年来，利用醛类与其他消毒剂的协同作用，研制出了以醛类为主要成分的复方消毒剂，减低或消除了醛类消毒剂的刺激性，提高了醛类消毒剂的消毒效果和稳定性。如长效清（主要成分为甲醛和三羟甲基硝基甲烷）便是一种复方甲醛制剂，对各类病原体有快速杀灭作用，在消毒池内可持续效力达7天以上。

1. 甲醛　又称蚁醛，有刺激性，特臭，久置发生混浊。易溶于水和醇，水中有较好的稳定性。制剂主要有福尔马林（37%~40%甲醛）和多聚甲醛（91%~94%甲醛）。适用于环境、笼舍、用具、器械、污染物品等的消毒；常用的方法为喷洒、浸泡、熏蒸。一般以2%的福尔马林溶液消毒器械，浸泡1~2小时。5%~10%福尔马林溶液喷洒畜禽舍环境或每立方米空间用福尔马林25毫升，水12.5毫升，加热（或加等量高锰酸钾）熏蒸12~24小时后开窗通风。本品对眼睛和呼吸道有刺激作用，消毒时应穿戴防护用具（口罩、手套、防护服等），熏蒸时人员、动物不可停留于消毒空间。

2. 戊二醛　为无色挥发性液体，其主要产品有碱性戊二醛、酸性戊二醛和强化中性戊二醛。杀菌性能优于甲醛2~3倍，能高效、广谱、快速杀灭细菌繁殖体、细菌芽孢、真菌、病毒等微生物。适用于器械、污染物品、环境、粪便、圈舍、用具等的消毒。可采取浸泡、冲洗、清洗、喷洒等方法。2%的碱性水溶液用于消毒诊疗器械，熏蒸用于消毒物体表面。2%的碱性水溶液杀灭细菌繁殖体及真菌需10~20分钟，杀灭芽孢需4~12小时，杀灭病毒需10分钟。使用戊二醛消毒灭菌后的物品应用清水及时去除残留物质；保证足够的浓度（不低于2%）和作用时间；灭菌处理前后的物品应保持干燥；本品对皮肤、黏膜有刺激作用，亦有致敏作用，应注意操作人员的保护；注意防腐蚀；可以带动物使用，但空气中最高允许浓度为0.05毫克/千克；戊二醛在pH值小于5时最稳定，在pH值为7~8.5时杀菌作用最强，可杀灭金黄色葡萄球菌、大肠杆菌、肺炎球菌和真菌，作用时间只需1~2分钟。兽医诊疗中不能加热消毒的诊疗器械均可采用戊二醛消毒（浓度为0.125%~2.0%）。本品对环境易造成污染，英国现已停止使用。

（二）卤素及含卤化合物类消毒剂

此类主要有含氯消毒剂（包括次氯酸盐，各种有机氯消毒剂）、含碘消毒剂（包括碘酊、碘仿及各种不同载体的碘伏）和海因类卤化衍生物消毒剂。

1. 含氯消毒剂 是指在水中能产生具有杀菌作用的活性次氯酸的一类消毒剂，包括传统使用的无机含氯消毒剂，如次氯酸钠（10%~12%）、漂白粉（25%）、粉精（次氯酸钙为主，80%~85%）、氯化磷酸三钠（3%~5%）等和有机含氯消毒剂，如二氯异氰尿酸钠（60%~64%）、三氯异氰尿酸（87%~90%）、氯胺T（24%）等，品种达数十种。

由于无机氯制剂的性质不稳定、难储存、强腐蚀等缺点，近年来国内外研究开发出性质稳定、易储存、低毒、含有效氯达60%~90%的有机氯，如二氯异氰尿酸钠、三氯异氰尿酸、三氯异氰尿酸钠、氯异氰尿酸钠是世界卫生组织公认的消毒剂。随着畜牧养殖业的飞速发展，以二氯异氰尿酸钠为原料制成的多种类型的消毒剂已得到了广泛的开发和利用。国内同类产品有优氯净、百毒克、威岛牌消毒剂、菌毒净、得克斯消毒片、氯杀宁、消毒王、宝力消毒剂、万毒灵、强力消毒灵等，有效氯含量有40%、20%及10%等多种规格的粉剂。

含氯消毒剂的优点是广谱、高效、价格低廉、使用方便，对细菌、芽孢和多种病毒均有较好的灭菌能力，其杀菌效果取决于有效氯的含量，含量越高，杀菌力越强。含氯消毒剂在低浓度时即可有效地杀灭牛结核分枝杆菌、肠杆菌、肠球菌、金黄色葡萄球菌。含氯复合制剂可以对各种病毒，如口蹄疫病毒、猪传染性

水疱病病毒、猪轮状病毒、猪传染性胃肠炎病毒、鸡新城疫病毒和鸡法氏囊病毒等具有较强的杀灭作用。其缺点是在养殖场应用时受有机质、还原物质和 pH 值的影响大，在 pH 值为 4 时，杀菌作用最强；pH 值 8.0 以上，可失去杀菌活性。受日光照射易分解，温度每升高 10℃，杀菌时间可缩短 50%~60%。含氯消毒剂的广泛使用也带来了环境保护问题，有研究表明有机氯有致癌作用。

（1）漂白粉：又称含氯石灰、氯化石灰。白色颗粒状粉末，主要成分是次氯酸钙，含有效氯 25%~32%，在一般保存过程中，有效氯每月可减少 1%~3%。杀菌谱广，作用强，对细菌、芽孢、病毒等均有效，但不持久。漂白粉干粉可用于地面和人、畜禽排泄物的消毒，其水溶液用于厩舍、栏圈、料槽、车辆、饮水、污水等消毒。饮水消毒用 0.03%~0.15%，喷洒、喷雾用 5%~10%乳液，也可以用干粉撒布。用漂白粉配制水溶液时应先加少量水，调成糊状，然后边加水边搅拌配成所需浓度的乳液使用，或静置沉淀，取澄清液使用。漂白粉应保存在密闭容器内，放在阴凉、干燥、通风处。漂白粉对织物有漂白作用，对金属制品有腐蚀性，对组织有刺激性，操作时应做好防护。

（2）漂粉精，又名高效漂白粉，主要成分是次氯酸钙，根据生产工艺的不同，还含有氯化钙或氯化钠及氢氧化钙等成分，其有效氯含量大于 60%。使用方法、范围与漂白粉相同。

（3）次氯酸钠：为无色至浅黄绿色液体，存在铁时呈红色，含有效氯 10%~12%。为高效、快速、广谱消毒剂，可有效杀灭各种微生物，包括细菌、芽孢、病毒、真菌等。饮水的消毒，每立方米水加药 30~50 毫克，作用 30 分钟；环境消毒，每立方米水加药 20~50 克搅匀后喷洒、喷雾或冲洗；食槽、用具等的消毒，每立方米加药 10~15 克搅匀后刷洗并作用 30 分钟。本品对皮肤、黏膜有较强的刺激作用。水溶液不稳定，遇光和热都会加速分解，闭光密封保存有利于其稳定性。

（4）氯胺T：又称氯亚明，化学名为对甲基苯磺酰氯胺钠。荷兰英特威公司在我国注册的这种消毒剂，商品名为海氯（halamid）。消毒作用温和持久，对组织刺激性和受有机物影响小。0.5%~1%溶液，用于食槽、器皿消毒；3%溶液，用于排泄物与分泌物消毒；0.1%~0.2%溶液用于黏膜、阴道、子宫冲洗；1%~2%溶液，用于创伤消毒；饮水消毒，每立方米用2~4毫克。与等量铵盐合用，可显著增强消毒作用。

（5）二氯异氰尿酸钠：又称优氯净，商品名为抗毒威。白色晶体，性质稳定，含有效氯60%~64%，本品广谱、高效、低毒、无污染、储存稳定、易于运输、水溶性好、使用方便、使用范围广，为氯化异氰脲酸类产品的主导品种。20世纪90年代以来，二氯异氰尿酸钠在剂型和用途方面已出现了多样化，由单一的水溶性粉剂，发展为烟熏剂、溶液剂、烟水两用剂（如得克斯消毒散）。烟碱、强力烟熏王等就是综合了国内现有烟雾消毒剂的特点，发挥其烟雾量大，扩散渗透力强的优势，从而达到杀菌快速、全面的效果。二氯异氰尿酸钠能有效、快速杀灭各种细菌、真菌、芽孢、霉菌、霍乱弧菌。用于养殖业各种用具的消毒，乳制品业的用具消毒及乳牛的乳头浸泡，防止链球菌或葡萄球菌感染的乳腺炎；兽医诊疗场所、用具、垃圾和空间消毒，化验器皿、器具的无菌处理和物体表面消毒。饮水消毒，每立方米水用药10毫克；环境消毒，每立方米加药1~2克搅匀后，喷洒或喷雾地面、厩舍；粪便、排泄物、污物等消毒，每立方米水加药5~10克搅匀后浸泡30~60分钟；食槽、用具等消毒，每立方米水加药2~3克搅匀后刷洗作用30分钟；非腐蚀性兽医用品消毒，每立方米加药2~4克搅匀后浸泡15~30分钟。可带畜禽喷雾消毒；本品水溶液不稳定，有较强的刺激性，对金属有腐蚀性，对纺织品有损坏作用。

（6）三氯异氰尿酸：白色结晶粉末，微溶于水，易溶于丙酮和碱溶液，含有效氯 89.7%，是一种高效、安全的消毒杀菌漂白剂，其效率高于一般的氯化剂，特别适合于水的消毒杀菌。水中溶解后，水解为次氯酸和氰尿酸，无二次污染。用于饮用水的消毒杀菌处理及畜牧、水产、传染病疫源地的消毒杀菌。

2. 含碘消毒剂　含碘消毒剂包括碘及以碘为主要杀菌成分的各种制剂。常用的有碘、碘酊、碘甘油、碘伏等。常用于皮肤、黏膜消毒和手术器械的灭菌。

（1）碘酒：又称碘酊，是一种温和的碘消毒剂溶液，兽医上一般配成 5%（*W/V*）。常用于免疫、注射部位、外科手术部位皮肤以及各种创伤或感染的皮肤或黏膜消毒。

（2）碘甘油：含有效碘 1%，常用于鼻腔黏膜、口腔黏膜及幼畜的皮肤和母畜的乳房皮肤消毒和清洗脓腔。

（3）碘伏：由于碘水溶性差，易升华、分解，对皮肤黏膜有刺激性和较强的腐蚀性等缺点，限制了其在畜牧兽医上的广泛应用。因此，20 世纪 70~80 年代国外发展了一种碘释放剂，我国称碘伏，即将碘附载在表面活性剂（非离子、阳离子及阴离子）、聚合物如聚乙烯吡咯烷酮（PVP）、天然物（淀粉、糊精、纤维素）等载体上，其中以非离子表面活性剂最好。1988 年进入我国市场的瑞士的雅好生（IOSAN）就是以非离子表面活性剂为载体的碘伏。目前，国内已有多个厂家生产同类产品，如爱迪伏、碘福、爱好生、威力碘、碘伏、爱得福、消毒劲、强力碘以及美国打入中国大陆市场的百毒消等。百毒消是获得世界专利的独特配方，有零缺点消毒剂的美称，多年来一直是全球畜牧行业首选的消毒剂。南京大学化学系研制成功的固体碘伏即 PVPI，商品名为安得福、安多福。碘伏高效、快速、低毒、广谱，兼有清洁剂之作用。对各种细菌繁殖体、芽孢、病毒、真菌、结核分枝杆菌、螺旋体、衣原体及滴虫等有较强的杀灭作用。在兽医临床常用于：饮水消毒，每立方米水加5%碘伏0.2克即可饮用；黏膜消毒，用0.2%碘伏溶液直接冲洗；清创处理，用浓度0.3%~0.5%碘伏溶液直接冲洗创口，清洗伤口分泌物、腐败组织。碘伏要求在pH值2~5范围内使用，如pH值为2以下则对金属有腐蚀作用。其灭菌浓度10毫升/升（1分钟），常规消毒浓度为15~75毫克/升。碘伏易受碱性物质及还原性物质影响，日光也能加速碘的分解，因此环境消毒受到限制。

3. 海因类卤化衍生物消毒剂 近年来，在寻找新型消毒剂中发现，二甲基海因（5，5-二甲基乙内酰脲，DMH）的卤化衍生物均有很好的杀菌作用，对病毒、藻类和真菌也有杀灭作用。常用的有二氯海因、二溴海因、溴氯海因等，其中以二溴海因为最好。本类消毒剂应储存在阴凉、干燥的环境中，严禁与有毒、有害物品混放，以免污染。

（1）二溴海因：为白色或淡黄色结晶粉末，微溶于水，溶于氯仿、乙醇等有机溶剂，在强酸或强碱中易分解，干燥时稳定，有轻微的刺激气味。本品是一种高效、安全、广谱杀菌消毒剂，具有强烈杀灭细菌、病毒和芽孢的效果，且具有杀灭水体不良藻类的功效。可广泛用于畜禽养殖场所及用具，水产养殖业、饮水、水体消毒。一般消毒，250~500毫克/升，作用10~30分钟；特殊污染消毒，500~1 000毫克/升，作用20~30分钟；诊疗器械用1 000毫克/升，作用1小时；饮水消毒，根据水质情况，加溴量2~10毫克/升；用具消毒，用1 000毫克/升，喷雾或超声雾化10分钟，作用15分钟。

（2）二氯海因：为白色结晶粉末，微溶于水，溶于多种有机溶剂与油类，在水中加热易分解，工业品有效氯含量70%以上，氯气味比三氯异氰尿酸或二氯异氰尿酸钠小得多，其消毒最佳pH值为5~7，消毒后残留物可在短时间内生物降解，对环境无任何污染，主要作为杀菌、灭藻剂，可有效杀灭各种细菌、真

菌、病毒、藻类等，可广泛用于水产养殖、水体、器具、环境、工作服及动物体表的消毒杀菌。

(3) 溴氯海因：为淡琥珀色结晶粉末，可进一步加工成片剂，气味小，微溶于水，稍溶于某些有机溶剂，干燥时稳定，吸潮时易分解。本产品主要用作水处理剂、消毒杀菌剂等，具有高效、广谱、安全、稳定的特点，能强烈杀灭真菌、细菌、病毒和藻类。

(三) 氧化剂类消毒剂

此类消毒剂具有强氧化能力，各种微生物对其十分敏感，可将所有微生物杀灭。是一类广谱、高效的消毒剂，特别适合饮水消毒。主要有过氧乙酸、过氧化氢、臭氧、二氧化氯、高锰酸钾等。它们的优点是消毒后在物品上不留残余毒性，但由于化学性质不稳定，须现用现配；氧化能力强，高浓度时可刺激、损害皮肤黏膜，腐蚀物品。

1. 过氧乙酸 过氧乙酸是一种无色或淡黄色的透明液体，易挥发、分解，有很强的刺激性醋酸味，易溶于水和有机溶剂。市售有一元包装和二元包装两种规格，一元包装可直接使用；二元包装是指由A、B两个组分分别包装的过氧乙酸消毒剂，A液为处理过的冰醋酸，B液为一定浓度的过氧化氢溶液。临用前一天，将A和B按A∶B=10∶8 (*W/W*) 或12∶10 (*V/V*) 混合后摇匀，第二天过氧乙酸的含量高达18%~20%。若温度在30℃左右混合后6小时浓度可达20%，使用时按要求稀释用于浸泡、喷雾、熏蒸消毒。配制液应在常温下2天内用完，4℃下使用不得超过10天。过氧乙酸常用于被污染物品或皮肤消毒，用0.2%~0.5%过氧乙酸溶液喷洒或擦拭表面，保持湿润，消毒30分钟后，用清水擦净；0.1%~0.5%的溶液可用于消毒蛋外壳。手、皮肤消毒，用0.2%过氧乙酸溶液擦拭或浸洗1~2分钟；在无动物环境中可用于空气消毒，用0.5%过氧乙酸溶液，每立方米20毫升，气溶胶喷雾，密闭消毒30分钟，或用15%过氧乙酸溶液，每立方米7毫升，置瓷或玻璃器皿内，加入等量的水，加热蒸发，密闭熏蒸（室内相对湿度在60%~80%），2小时后开窗通风。车、船等运输工具内外表面和空间，可用0.5%过氧乙酸溶液喷洒至表面湿润，作用15~30分钟。温度越高杀菌力越强，但温度降至-20℃时，仍有明显杀菌作用。过氧乙酸稀释后不能放置时间过长，须现用现配，因其有强腐蚀性和较大的刺激性，配制、使用时应戴防酸手套、防护镜，严禁用金属容器盛装。成品消毒剂须避光4℃保存，容器不能装满，严禁暴晒。在搬运、移动时，应注意小心轻放，不要拖拉、摔碰、摩擦、撞击。

2. 过氧化氢　又称双氧水，为强腐蚀性、微酸性、无色透明液体，深层时略带淡蓝色，能与水以任何比例混合，具有漂白作用。可快速灭活多种微生物，如致病性细菌、细菌芽孢、酵母、真菌孢子、病毒等，并分解成无害的水和氧。气雾用于空气、物体表面消毒，溶液用于饮水器、饲槽、用具、手等的消毒。畜禽舍空气消毒时使用1.5%~3%过氧化氢喷雾，每立方米20毫升，作用30~60分钟，消毒后进行通风。10%过氧化氢可杀灭芽孢。温度越高杀菌力越强。空气的相对湿度在20%~80%时，湿度越大，杀菌力越强；相对湿度低于20%时，杀菌力较差。浓度越高杀菌力越强。过氧化氢有强腐蚀性，避免用金属制容器盛装；配制、使用时应戴防护手套、防护镜，须现用现配；成品消毒剂避光保存，严禁暴晒。

3. 臭氧　是一种强氧化剂，具有广谱杀灭微生物的作用，溶于水时杀菌作用更为明显，能有效地杀灭细菌、病毒、芽孢、包囊、真菌孢子等，对原虫及其卵囊也有很好的杀灭作用，还有除臭、增加畜禽舍内氧气含量的作用，用于空气、水体、用具等的消毒。饮水消毒时，臭氧浓度为0.5~1.5毫克/升，水中余臭氧量0.1~0.5毫克/升，维持5~10分钟可达到消毒要求；在水

质较差时，用量为3~6毫克/升。据国外报告，臭氧对病毒的灭活程度与臭氧浓度高度相关，而与接触时间关系不大。随着温度的升高，臭氧的杀菌作用加强。但与其他消毒剂相比，臭氧的消毒效果受温度影响较小。臭氧在人医上已广泛使用，但在兽医上则是一种新型的消毒剂。在常温和空气相对湿度82%的条件下，臭氧对在空气中的自然菌的杀灭率为96.77%，对物体表面的大肠杆菌、金黄色葡萄球菌等的杀灭率为99.97%。臭氧的稳定性差，有一定腐蚀性，受有机物影响较大，但使用方便、刺激性低、作用快速、无残留污染。

4. 二氧化氯　二氧化氯在常温下为黄绿色气体或红色爆炸性结晶，具有强烈的刺激性，对温度、压力和光均较敏感。20世纪70年代末期，由美国Bio-Cide国际有限公司将二氧化氯制成水溶液，这种二氧化氯水溶液就是百合兴，被称为稳定性二氧化氯。该消毒剂为无色、无味、无臭、无腐蚀作用的透明液体，是目前国际上公认的高效、广谱、快速、安全、无残留、不污染环境的第四代灭菌消毒剂。美国环境保护部门在20世纪70年代就进行过反复检测，证明其杀菌效果比一般含氯消毒剂高2.5倍，而且在杀菌消毒过程中还不会使蛋白质变性，对人、畜禽、水产品无害，无致癌、致畸、致突变性，是一种安全可靠的消毒剂。美国食品药品管理局和美国环境保护署批准广泛应用于工农业生产、畜禽养殖、动物、宠物的卫生防疫中。目前，发达国家已将二氧化氯应用到几乎所有需要杀菌消毒的领域，被世界卫生组织列为AI级高效安全灭菌消毒剂，是世界粮农组织推荐使用的优质环保型消毒剂，正在逐步取代醛类、酚类、氯制剂类、季铵类，为一种高效消毒剂。国外20世纪80年代已在畜牧业上推广使用，国内也有此类产品生产、出售，如氧氯灵、超氯（菌毒王）等。

本品适用于畜禽活动场所的环境、场地、栏舍、饮水及饲喂用具等方面的消毒。能杀灭各种细菌、病毒、真菌等微生物及藻类、原虫，目前尚未发现能够抵抗其氧化性而不被杀灭的微生物。本品兼有去污、除腥、除臭之功能，是养殖行业理想的灭菌消毒剂，现已较多地用于牛奶场、家禽养殖场的消毒。用于环境、空气、场地、笼具喷洒消毒，浓度为200毫克/升；禽畜饮水消毒，0.5毫克/升；饲料防霉，每吨饲料用浓度100毫克/升的消毒液100毫升，喷雾；笼具、动物体表、种蛋消毒，200毫克/升，喷雾至种蛋微湿；畜禽产房消毒，500毫克/升，喷雾至垫草微湿；预防各种细菌、病毒传染，500毫克/升，喷洒；烈性传染病及疫源地消毒，1 000毫克/升，喷洒。

5. 酸性氧化电位水　是由日本于20世纪80年代中后期发明的高氧化还原电位（+1 100毫伏）、低pH值（2.3~2.7）、含少量次氯酸（溶解氯浓度20~50毫克/升）的一种新型消毒水。我国在20世纪90年代中期引进了酸性氧化电位水，我国第一台酸性氧化电位水发生器已由清华紫光研制成功。酸性氧化电位水最先应用于医药领域，以后逐步扩展到食品加工、农业、餐饮、旅游、家庭等领域。酸性氧化电位水杀菌谱广，可杀灭一切病原微生物（细菌、芽孢、病毒、真菌、螺旋体等）；作用速度快，数十秒钟可完全灭活细菌，使病毒完全失去抗原性；使用方便，取之即用，无需配制；无色、无味、无刺激；无任何毒副作用，对环境无污染；价格低廉；对易氧化金属（铜、铝、铁等）有一定腐蚀性，对不锈钢和碳钢无腐蚀性，因此浸泡器械时间不宜过长；在一定程度上受有机物的影响，因此，清洗创面时应大量冲洗或直接浸泡，消毒时最好事先将被消毒物用清水洗干净；稳定性较差，遇光和空气及有机物可还原成普通水（室温开放保存4天；室温密闭保存30天；冷藏密闭保存可达90天），最好近期配制使用；储存时最好选用不透明、非金属容器；应密闭、遮光保存，40℃以下使用。

6. 高锰酸钾　强氧化剂，可有效杀灭细菌繁殖体、真菌、细菌芽孢和部分病毒。主要用于皮肤黏膜消毒，100～200毫克/升；物体表面消毒，1 000～2 000毫克/升；饲料饮水消毒，50～100毫克/升；冲洗脓腔、生殖道、乳房等的消毒，50毫克/升；浸洗种蛋和环境消毒，5 000毫克/升。

(四) 烷基化气体消毒剂

烷基化气体消毒剂是一类主要通过对微生物的蛋白质、DNA（脱氧核糖核酸）和RNA（核糖核酸）的烷基化作用而将微生物灭活的消毒灭菌剂。对各种微生物均可杀灭，包括细菌繁殖体、芽孢、分枝杆菌、真菌和病毒；杀菌力强；对物品无损害。主要包括环氧乙烷、乙型丙内酯、环氧丙烷、溴化甲烷等，其中环氧乙烷应用比较广泛，其他在兽医消毒上应用不多。

环氧乙烷在常温常压下为无色气体，具有芳香的醚味，当温度低于10.8℃时，气体液化。环氧乙烷液体无色透明，极易溶于水，遇水产生有毒的乙二醇。环氧乙烷可杀灭所有微生物，而且细菌繁殖体和芽孢对环氧乙烷的敏感性差异很小，穿透力强，对大多数物品无损害，属于高效消毒剂。常用于皮毛、塑料、医疗器械、用具、包装材料、畜禽舍、仓库等的消毒或灭菌，而且对大多数物品无损害。杀灭细菌繁殖体，每立方米空间用300～400克作用8小时；杀灭污染霉菌，每立方米空间用700～950克作用8～16小时；杀灭细菌芽孢，每立方米空间用800～1 700克作用16～24小时。环氧乙烷气体消毒时，最适宜的相对湿度是30%～50%；温度以40～54℃为宜，不应低于18℃；消毒时间越长，消毒效果越好，一般为8～24小时。

消毒过程中注意防火防爆，防止消毒袋、柜泄漏，控制温、湿度，不能用于饮水和食品消毒。工作人员发生头晕、头痛、呕吐、腹泻、呼吸困难等中毒症状时，应立即撤离现场，脱去污染衣物，注意休息、保暖，加强监护。如环氧乙烷液体沾染皮肤，应立即用大量清水或3%硼酸溶液反复冲洗。皮肤症状较重或不缓解，应去医院就诊。眼睛污染者，用清水冲洗15分钟后点四环素可的松眼膏。

（五）酚类消毒剂

酚类消毒剂为一种很古老的消毒剂，19世纪末出现的商品名为来苏儿的消毒剂，就是酚类消毒剂。目前国内兽医消毒用酚类消毒剂的代表品种是农福，农福是20世纪80年代我国从英国引进的复合酚类消毒剂，国内也出现了许多类似产品，如菌毒敌、农富复合酚、菌毒净、菌毒灭、畜禽安等。其有效成分是烷基酚，是从煤焦油中高温分离出的焦油酸，焦油酸中含的酚是混合酚类，所以又称复合酚。由广东省农业科学院兽医研究所研制的消毒灵是国内第一个符合农福标准的复合酚消毒药。这类消毒剂适用于畜禽舍环境消毒，对各种细菌灭菌力强，对带膜病毒具有灭活能力，但对结核分枝杆菌、芽孢、无囊膜病毒（如法氏囊病毒、口蹄疫病毒）和霉菌杀灭效果不理想。酚类消毒剂受有机物影响小，适用于养殖环境消毒，且pH值越低，消毒效果越好，遇碱性物质则影响效力。由于酚类化合物有气味滞留，对人畜有毒，不宜用作养殖期间消毒，对畜禽体表消毒也受到限制。另外，国外也研制出可专门用于杀灭鸡球虫的邻位苯基酚。

1. 石炭酸　又称苯酸，为带有特殊气味的无色或淡红色针状、块状或三棱形结晶，可溶于水或乙醇。性质稳定，可长期保存。可有效杀灭细菌繁殖体、真菌和部分亲脂性病毒。用于物体表面、环境和器械浸泡消毒，常用浓度为3%~5%。本品具有一定毒性和不良气味，不可直接用于黏膜消毒；能使橡胶制品变脆变硬；对环境有一定污染。近年来，由于许多安全、低毒、高效的消毒剂问世，石炭酸这种古老的消毒剂已很少应用。

2. 煤酚皂溶液　又称来苏儿，黄棕色至红棕色黏稠液体，为甲醛、植物油、氢氧化钠的皂化液，含甲酚50%。可溶于水及

醇溶液，能有效杀灭细菌繁殖体、真菌和大部分病毒。1%~2%溶液用于手、皮肤的消毒，需3分钟，目前已较少使用；3%~5%溶液用于器械、用具、畜禽舍地面、墙壁消毒；5%~10%溶液用于环境、排泄物及实验室废弃细菌材料的消毒。本品对黏膜和皮肤有腐蚀作用，需稀释后应用。因其杀菌能力相对较差，且对人畜有毒，有气味滞留，有被其他消毒剂取代的趋势。

3. 复合酚 是一种新型、广谱、高效、无腐蚀的复合酚类消毒剂，国内同类商品较多。主要用于环境消毒，常规预防消毒稀释配比1∶300，病原污染的场地及运载车辆可用1∶100喷雾消毒。严禁与碱性药品或其他消毒液混合使用，以免降低消毒效果。

（六）季铵盐类消毒剂

季铵盐类消毒剂为阳离子表面活性剂，具有除臭、清洁和表面消毒的作用。季铵盐类消毒剂的发展已经历了五代。第一代是洁尔灭；第二代是在洁尔灭分子结构上加烷基或氯取代基；第三代为第一代与第二代混配制剂，如日本的Pacoma、韩国的Save等；第四代为苯氧基苄基铵，国外称Hyamine（季铵盐）类；第五代是双长链二甲基铵。早期有百毒杀（主剂为溴化二甲基二癸基铵）、敌菌杀，国外商品有Deciquam222（百毒杀）、Bromo-Sept50（博灭特）、以色列ABIC公司的Bromo-Sept（百乐水）等。后期又发展为氯盐，即氯化二甲基二癸基铵，日本商品名为Astop（DDAC），欧洲商品名为Bardac。国内也已有数种同类产品，如畜禽安、铵福、K西安、瑞得士、1210消毒剂等。

季铵盐类消毒剂性能稳定，pH值在6~8时，受pH值变化影响小，碱性环境能提高药效，还有低腐蚀、低刺激、低毒等特点，对有机质及硬水还有一定抵抗力。早期季铵盐对病毒灭活力差，但是双长链季铵盐除对各种细菌有效外，对马立克病毒、新城疫病毒等均有良好的效果。季铵盐对芽孢及无囊膜病毒（如法氏囊病毒等）效力差。此类消毒剂的配伍禁忌多，使用范围受限制。季铵盐类消毒剂如果与其他消毒剂组成复方制剂，可弥补上述不足，形成一种既能杀灭细菌又能杀灭病毒的安全无刺激性的复方消毒制剂。目前，季铵盐类多复合戊二醛，制成复合消毒剂，从而弥补了季铵盐的不足，在兽医上有广泛的应用前景。

1. 苯扎溴铵 又称新洁尔灭或溴苄烷铵，为淡黄色胶状液体，具有芳香气味，极苦，易溶于水和乙醇，溶液无色透明，性质较稳定，价格低廉，市售产品的浓度为5%。0.05%~0.1%的水溶液用于手术前洗手消毒、皮肤和黏膜消毒，0.15%~2%的水溶液用于畜禽舍空间喷雾消毒，0.1%的水溶液用于种蛋消毒等。本品现配现用，确保容器清洁，不可用作器械消毒，不宜用作污染物品、排泄物的消毒。

2. 度米芬 又称消毒宁，为白色或微黄色的结晶片剂或粉剂，味微苦而带皂味，能溶于水或乙醇，性能稳定。其杀菌范围及用途与新洁尔灭相似。

3. 百毒杀 为双链季铵盐类消毒剂，双长链季铵盐代表性化合物主要有溴化二甲基二癸基铵（百毒杀）和氯化二甲基二癸基铵（1210 消毒剂），具有毒性低，无刺激性，无不良气味等特点，推荐使用剂量对人、畜禽绝对无毒，对用具无腐蚀性，消毒力可持续 10~14 天。饮水消毒，预防量按有效药量 10 000~20 000倍稀释；疫病发生时可按 5 000~10 000 倍稀释。畜禽舍及环境、用具消毒，预防消毒按 3 000 倍稀释，疫病发生时按 1 000 倍稀释；鸭体喷雾消毒、种蛋消毒可按 3 000 倍稀释；孵化室及设备可按 2 000~3 000 倍稀释喷雾消毒。

（七）醇类消毒剂

醇类消毒剂具有随着相对分子质量的增加，杀菌作用增强的特点，但相对分子质量过大水溶性降低，反而难以使用，实际工作中应用最广泛的是乙醇。

1. 乙醇　又称酒精，为无色透明液体，有较强的酒气味，在室温下易挥发、易燃。可快速、有效地杀灭多种微生物，如细菌繁殖体、真菌和多种病毒，但不能杀灭细胞芽孢。市售的医用乙醇浓度，按重量计算为92.3%（*W/W*），按体积计算为95%（*V/V*）。乙醇最佳使用浓度为70%（*W/W*）或75%（*V/V*）。配制75%（*V/V*）乙醇的方法：取一适当容量的量杯（筒），量取95%（*V/V*）乙醇75毫升，加蒸馏水至总体积为95毫升，混匀即成；配制70%（*W/W*）乙醇的方法：取一容器，称取92.3%（*W/W*）乙醇70克，加蒸馏水至总重量为92.3克，混匀即成。常用于皮肤消毒、物体表面消毒、皮肤消毒脱碘、诊疗器械和器材擦拭消毒。近年来，较多使用70%（*W/W*）乙醇与氯己定、新洁尔灭等复配的消毒剂，效果明显增强。

2. 异丙醇　为无色透明易挥发可燃性液体，具有类似乙醇与丙酮的混合气味。其杀菌效果和作用机制与乙醇类似，杀菌效力比乙醇强，但毒性比乙醇高，只能用于物体表面及环境消毒。可杀灭细菌繁殖体、真菌、分枝杆菌及灭活病毒，但不能杀灭细菌芽孢。常用50%～70%（*V/V*）水溶液擦拭或浸泡50～60分钟。国外常将其与洗必泰配伍使用。

（八）胍类消毒剂

此类消毒剂中，氯己定（洗必泰）已得到广泛的应用。近年来，国外又报道了一种新的胍类消毒剂，即盐酸聚六亚甲基胍消毒剂。

1. 氯己定　又称洗必泰，为白色结晶粉末，无臭但味苦，微溶于水和乙醇，溶液呈碱性。杀菌谱与季铵盐类相似，具有广谱抑菌作用，对细菌繁殖体、真菌有较强的杀灭作用，但不能杀灭细菌芽孢、结核分枝杆菌和病毒。其性能稳定、无刺激性、腐蚀性低、使用方便，是一种用途较广的消毒剂。0.02%～0.05%水溶液用于饲养人员、手术前洗手消毒，浸泡3分钟；0.05%水溶液用于冲洗创伤；0.01%~0.1%水溶液可用于阴道、膀胱等的冲洗。洗必泰（0.5%）在乙醇（70%）作用及碱性条件下可使其灭菌效力增强，可用于术部消毒。但有机质、肥皂、硬水等会降低其活性。配制好的水溶液最好7天内用完。

2. 盐酸聚六亚甲基胍 为白色无定形粉末，无特殊气味，易溶于水，水溶液无色至淡黄色。对细菌和病毒有较强的杀灭作用，作用快速，稳定性好，无毒、无腐蚀性，可降解，对环境无污染。用于饮水、水体消毒除藻及皮肤黏膜和环境消毒，一般浓度为2 000~5 000毫克/升。

（九）其他化学消毒剂

1. 乳酸 是一种有机酸，为无色澄明或微黄色的黏性液体，能与水或醇任意混合。本品对伤寒杆菌、大肠杆菌、葡萄球菌及链球菌具有杀灭和抵制作用。黏膜消毒浓度为200毫克/升，空气熏蒸消毒为1 000毫克/升。

2. 醋酸 为无色透明液体，有强烈酸味，能与水或醇任意混合。其杀菌和抑菌作用与乳酸相同，但比乳酸弱，可用于空气消毒。

3. 氢氧化钠 为碱性消毒剂的代表产品。浓度为1%时主要用于玻璃器皿的消毒，2%~5%时，主要用于环境、污物、粪便等的消毒。本品具有较强的腐蚀性，消毒时应注意防护，消毒12小时后用水冲洗干净。

4. 生石灰 又称氧化钙，为白色块状或粉状物，加水后产热并形成氢氧化钙，呈强碱性。本品可杀死多种病原菌，但对芽孢无效，常用20%石灰乳溶液进行环境、圈舍、地面、垫料、粪便及污水沟等的消毒。生石灰应干燥保存，以免潮解失效；石灰乳应现用现配，最好当天用完。

第四节　消毒的原则与常用消毒方法

一、鸭场消毒的原则

1. 经常性的消毒　在养鸭场的入口处应设立消毒池，内贮消毒液，人员和车辆进出时必须通过消毒池对鞋底和车轮进行消毒；人员要在更衣室更换工作服、帽子和胶靴，用消毒水清洗和消毒双手，人体应在紫外线灯照射下消毒 10 分钟。鸭舍、用具和运动场必须每天打扫并清洗，把鸭粪和被污染的垫料运出鸭场做堆肥。每周在清扫结束后用百毒杀或次氯酸钠消毒液对整个鸭场至少消毒 1 次。消毒液的浓度要严格按照说明书中的规定配制。

2. 突击性消毒　当有疫情发生时，除了要做好封锁、隔离和死鸭的无害化处理工作外，还要及时组织全场进行彻底的大扫除和消毒，尽可能地消灭病原微生物。百毒杀和次氯酸钠消毒剂在使用时对人和动物都很安全，可以用喷雾的方法带鸭消毒，一般可每天消毒 1 次，甚至连饮水都应进行消毒。

3. 贯彻执行“全进全出制”　鸭场绝对不能把雏鸭、仔鸭和种鸭混养在一起，也就是说育雏室专门育雏，仔鸭培育室只养仔鸭，种鸭场专门养种鸭。这样在每批鸭饲养结束后，就能对养鸭场进行彻底的大扫除和消毒，并在鸭场无鸭只存在的情况下“冷棚”（即空栏）2~3 周，重新严格消毒后，再饲养下一批鸭。这种“全进全出制”能彻底消灭病原微生物，切断病原体的传播途径，有效地保证鸭群的健康成长。

二、鸭场常用的消毒方法

1. 物理消毒法 利用紫外线进行消毒，如将用具放在阳光下暴晒、进场人员用紫外线灯照射消毒；高温消毒，如使用火焰喷灯、煮沸以及熏蒸等方法对鸭舍、设备、器具等进行消毒；焚烧是最彻底的消毒方法，可用于垫料、尸体、死胚蛋和蛋壳等的消毒；打扫、洗刷、通风等机械消毒方式可以把附着在鸭舍、用具和地面上的病原体清除掉，随后可以再对除掉的污物进行消毒。

2. 化学消毒法 通常将可杀灭病原微生物或使之失去危害性的化学药物统称为消毒剂，一般采用喷洒、浸泡等方法。使用消毒剂，首先需要选用对特定病原微生物敏感的消毒剂；其次要按规定的浓度使用（通常在一定浓度范围内，消毒效果和药物浓度成正比）。浓度过低对病原体起不到杀灭作用，浓度过高则造成浪费，甚至抑制消毒效果。此外，使用消毒剂时要求温度在20~40℃、作用时间在30分钟以上，才能杀灭病原体；同时还要尽量减少环境中有机物（如粪便等）的含量，因为有机物能与消毒剂结合而使之失效。也不可频繁地进行消毒。消毒药物大多为化学产品，有腐蚀性和刺激性，其挥发性物质会刺激、伤害鸭的器官，引发一系列疾病尤其是呼吸道疾病。过于频繁的消毒会使空气湿度过大，不利于鸭的健康生长。另外，还应注意不要长期使用单一的消毒药品，各种消毒药物、消毒方法交替使用，配合使用，消毒效果更佳。当多种消毒剂混合使用时要避免拮抗现象的出现，即避免多种药物互相作用而降低消毒效果（如酸性和碱性消毒剂混合使用时，由于发生中和反应而使药效大为下降）。例如氢氧化钠、生石灰等为碱性，而过氧乙酸为酸性，不能混合使用；含氯消毒剂不可与过氧乙酸等酸性消毒剂混用，二者混用会产生有毒的气体。

3. 生物消毒法 即利用某些厌氧微生物对鸭场废弃物中有

机质分解发酵所产生的生物热，来达到杀灭病原微生物的目的。常用于粪便、垫料和尸体的处理。一般采用堆沤法，将粪便、垫料和尸体运到距鸭舍百米外的地方，在较坚实的地面上堆成一堆，外盖 10~20 厘米厚的土层，经 1~2 个月时间，堆中的病原微生物可被杀灭，而堆积物将成为良好的农家肥。

第五节 鸭场常规消毒关键技术

一、空鸭舍的消毒

一般来说，空舍消毒的重要性通常得不到足够的重视，但是，将鸭舍空置一段时间，对于保证良好的卫生条件至关重要。在上一群鸭转走或出栏后，鸭舍具有较高的微生物污染水平，仅清除垫料和粪便还远远不能保证良好生产成绩所要求的洁净程度。在空舍消毒时，任何物品都不能被忽视，包括周围的环境以及有关附属物。

（一）清除垫料之前鸭舍的准备

1. 空舍消毒时间 空舍消毒工作应在鸭刚刚离开之时就开始，趁鸭群离开不久舍温未降之时就应该进行环境整治。

2. 整理资料和设施 将资料归档，搬出饲养上一批鸭用过的物品和设备。

3. 拆除和移动一些建筑设施 拆除尽可能多的设施从而使垫料的清除更为方便，然后冲洗鸭舍。具体步骤详见表 1.2。

表 1.2 清除鸭舍垫料之前设施的拆除与冲洗

设施	采取的措施	存放位置
通风设备	吹净或刷净灰尘	干燥贮藏室
加热系统，辐射型加热器	拆卸并去灰	干燥贮藏室

续表

设施	采取的措施	存放位置
喂料系统	在垫料上清空喂料系统，清理喂料螺旋系统、料仓和输送线	室内或室外
隔板或漏缝地板	拆卸并刮净	室内或室外
建筑物骨架	去灰或用水龙头洗净	室内或室外

4. 清理周围区域 在清除垫料或冲洗各种设施时，为防止周围环境和人行通道受到污染，应采取下列措施（表 1.3）。

表 1.3 鸭舍周围环境和入口通道的消毒措施

位置	采取的措施	使用产品
鸭舍出入口前的平台	建议采用水泥平台，清理所有杂物并消毒	生石灰
墙边	需要时，割除杂草，保证至墙边和风机的通道顺畅，并提高消毒效力	除草剂
通道	对垫料运输车经过的通道进行消毒	生石灰
鼠害控制	鸭舍清空后应注意防鼠	毒鼠饵

（二）饮水系统的清洗和消毒

水质是保证养殖成功的关键。供水系统应定期冲洗（通常每周 1~2 次），可防止水管中沉积物的积聚。在集约化养殖场实行全进全出制时，于新鸭群入舍之前的空舍期，在进行鸭舍清洁的同时，也应充分擦洗饮水系统，尽量去除菌膜等生物膜，从而在一个健康卫生的环境中迎接新一批鸭的到来。通常可先采用高压水冲洗供水管道内腔，而后加入清洁剂，经约 1 小时后，排出药液，再以清水冲洗。清洁剂通常分为酸性清洁剂（如柠檬酸、醋等）和碱性清洁剂（如氨水）两类。使用清洁剂可除去供水管道中沉积的水垢、锈迹、水藻等，并与水中的钙或镁相结合。此外，在采用经水投药防治疾病时，于经水投药之前 2 天和用药之后 2 天，

也应使用清洁剂来清洗供水系统。洪水期或不安全的情况下，井水用漂白粉消毒。使用饮水槽的养殖场最好每隔 4 小时换 1 次饮水，以保持饮水清洁，饮水槽和饮水器要定期清理消毒。

空舍消毒期间饮水系统的清洗和消毒方法见表 1.4。

表 1.4 鸭舍饮水系统的清洗和消毒程序

采取措施的时间	采取的措施	使用产品
鸭群刚离开时	在垫料上放干供水系统，拆卸饮水设备清洗并放干管路	碱液（1 小时）
清除垫料前	除垢并放干管路	酸液（最低 6 小时）
	清水冲洗 2 次	清水
	空舍期用消毒剂消毒	碘消毒剂
冲洗房舍时	清洗小饮水设备和水管外壁	规范的真菌、细菌和病毒消毒剂
液体消毒时	对小型设备单独消毒并存放于舍内	
气体消毒前	将小型设备放回去	
新鸭群入舍前	把水放空，冲洗几次，然后充满清水。完全放空普拉松饮水器管道，并让乳头滴水，清去内部残渣，通过把管线末端的水流到白盘里检查清洗的效果。建议参考饮用水标准检测水质的化学和微生物学指标	

（三）清除垫料

鸭离开鸭舍之后，应该立即清除垫料。此时，应遵循表 1.5 的规定。

表 1.5 鸭舍垫料清除时的注意事项

检查项目	指导方针
清除垫料的设备	采用合适的设备尽快清除垫料，并且尽量减少对周围环境的污染

续表

检查项目	指导方针
人行通道和机械通道	在房舍周围及拖车经过的通道撒上生石灰
粪池	不能忽略清理粪池
最后测试	彻底清扫，肉眼检查确保只有极少的粪便、垫料残余

（四）浸泡和冲洗

用于冲洗的水质细菌指标应达到饮用级，冲洗后的水应该流集到废水池中以防污染周围土壤。在污水汇集、选用冲洗及消毒的化工产品时，要符合相关的规定。消毒剂量要正确，超剂量应用并不一定能达到较好的效果。

鸭舍设施的浸泡和冲洗程序见表 1.6。

表 1.6　鸭舍设施的浸泡和冲洗程序

按时间顺序	指导方针	使用产品
浸泡	从上至下，屋脊、顶棚、墙壁、基柱，然后地面或漏缝地板（漏缝地板需要浸泡数小时）	
泡沫剂	此类产品利于清洗，减少菌膜	去油污泡沫剂
小设备的清洗	单独冲洗所有设备，包括饮水器、料槽等，然后置于干净并消毒过的房间	清水
房舍清洗	使用高压水枪冲洗	清水
墙边和通风系统	应考虑将活板门及可拆卸的系统分拆利于冲洗	清水
料仓	将料仓或贮料室内部冲洗或去灰	清水
肉眼检查	肉眼检查冲洗质量非常重要	

（五）液体消毒和空舍静置

建筑物的维修和新的作业都要在冲洗后、消毒前完成，电力、饮水和喂料系统等内部安装应在消毒前确定完成，所有设备都要安装完毕。空舍静置应从第一次液体消毒结束之后开始。在鸭舍空

置期间，应尽量减少舍内作业。一直等到下一批鸭到来之前1~2天进行气体消毒。如果舍内使用垫料，垫草应在气体消毒之前就放进鸭舍从而能对其表面进行消毒。液体消毒程序见表1.7。

表1.7　鸭舍液体消毒程序

按时间顺序	采取的措施	使用产品
将设备放回舍内	安装设备便于消毒和以后使用	
恢复防疫屏障	重新安好入口区域设施，穿上特制的外套（靴、防疫服等）	确保有肥皂（如有淋浴，应备有洗发液）
小设备的消毒	单独浸泡	规范的真菌、细菌和病毒液体消毒剂
周围环境的消毒	撒生石灰或氢氧化钠，避免交通工具或人员流动带来的交叉污染	生石灰用量500千克/1 000米^2，氢氧化钠用量75千克/1 000米^2
建筑物骨架的消毒	喷雾或用泡沫喷枪进行液体消毒，不能忽视难以到达的通风设备和气闸及其他附件等死角	规范的真菌、细菌和病毒液

（六）气体消毒和最后测试

最后的气体消毒程序见表1.8。

表1.8　鸭舍的气体消毒程序

按时间顺序	采取的措施	使用产品
料仓或储料区	熏蒸消毒	甲醛、高锰酸钾
气体消毒	液体消毒剂达不到的地方采用气体消毒，保证房舍密闭，消毒剂不外泄	规范的真菌、细菌和病毒气体消毒剂，通常用甲醛、高锰酸钾
病虫害控制	气体消毒时可同时加上气体杀虫剂（要检查能否配伍），否则用液体杀虫剂对墙角和粪池底部消毒	能配伍的气体杀虫剂和消毒剂

续表

按时间顺序	采取的措施	使用产品
细菌检测	最终进行细菌学检测以确保消毒效果	

综上所述，鸭场的空舍消毒远远不是仅仅空置鸭场。尽管舍内没有鸭，但它是鸭场良好效益的一个重要组成部分。从经济角度看，良好的清洗和消毒比事后畜禽饲养过程中发生疾病再治疗所需的成本低。必须保证所有器械的卫生质量和动物健康，否则最终会降低鸭场的经济效益，产品的形象也将受到影响。

二、带鸭消毒

（一）带鸭消毒的重要性

定期用消毒药液对鸭舍的空间、鸭体进行喷雾带鸭消毒，是养鸭成功的一个关键措施。

带鸭消毒技术几乎所有养鸭人都懂，但做得好与不好、消毒彻底不彻底，差距会很大。这直接关系到鸭舍中污染病原体的数量、空气的质量等，当然直接关系到鸭群受到疾病威胁的程度，也就决定了养鸭的成功与否。创造良好的鸭舍环境，对保障鸭群健康至关重要。

带鸭消毒虽不能使鸭舍环境达到100%的洁净，但由于是经常性的工作，环境中的细菌含量会越来越少，比起不消毒的鸭舍，鸭群的发病机会就会很低。

带鸭消毒能有效抑制舍内氨气的发生和降低氨气浓度，可很大程度地减少灰尘的弥漫，净化空气；可杀灭多种病原微生物，尤其是能防止因空气传播的病如禽流感，以及环境性细菌疾病如葡萄球菌病、大肠杆菌病、禽霍乱、绿脓杆菌病等；夏季还有防暑降温的作用，春季可增加舍内湿度，好处很多。

（二）带鸭消毒的方法

1. 次数 消毒时间，一般在10日龄以后即可实施带鸭消

毒，以后根据具体情况而定。一般育雏期每日消毒一次，育成期每周消毒 2 次，成年鸭每周消毒 2~3 次，发生疫情时每天消毒 1 次。

2. 药物选择　带鸭消毒对药品的要求比较严格，并非所有的消毒药都能用。选择消毒药的原则，一是必须广谱、高效、强力；二是对金属和塑料制品的腐蚀性小；三是对人和鸭的吸入毒性、刺激性、皮肤吸收性小，无异臭，不会渗入或残留在肉和蛋中。

养鸭生产中常用的消毒剂有消毒灵、新洁尔灭、百毒杀、爱迪伏、菌毒敌、复合酚、农福、碘制剂等。消毒药物也同抗生素一样存在耐药性问题。一种消毒药在一个鸭场使用时间长了就会效果不好，甚至和没有消毒一样，疾病多发，就是因为细菌对这种消毒药已经产生了耐药性。为了防止细菌对消毒药产生耐药性，一般轮换交替用药，就是每一种药用一周，随后换另一种药，一周后再换药或还使用原来的药。一个月内 2~3 种消毒药轮换交替使用，效果比较好。但也不必每天换药。

3. 药液配制　配制消毒药液应使用自来水，尽量不用井水，非要用井水时，应添加适量的水质软化剂或适当加大消毒液的浓度。各种消毒药品都有适宜的有效浓度，要按照使用要求合理配制药液。加入消毒药后，应充分搅拌，使其充分溶解。

水温的提高能加速药物溶解并增强消毒效果，但水也不能太热，45℃以下温水即可。夏季直接用冷水配制，冬季为了不降低舍温，一般都用温水。消毒药要现用现配，不宜久存，应一次用完，以免药效因分解而降低。

4. 喷雾的方法　喷药的对象包括舍内的设备、鸭群和空间等。

喷雾消毒的器械一般选用雾化效果良好的高压动力喷雾器，如没有条件也可用背负式农用喷雾器。而喷花用的手持式小喷雾器是不能做带鸭消毒的，因容量太小对空间消毒作用微不足道。高压动力喷雾器安全性强，操作简单。

消毒时喷头应尽量高举，朝鸭舍上方喷雾，喷头在面前横向移动一个来回即可，并随人慢慢行进，不必频繁晃动喷头。要保证鸭舍的各个角落都要喷到。切忌直对鸭头喷雾。

如果使用的喷雾器喷头雾滴粒子可以调节，雾粒大小应控制在 80~120 微米。雾粒太小易被鸭大量吸入呼吸道，引起肺水肿，甚至诱发呼吸道疾病；雾粒太大易造成喷雾不均匀，雾滴粒子快速落下。

喷雾的用量为每立方米空间 15~20 毫升消毒液。地区不同、气候不同，空气的干燥程度不同，用量没有统一标准。南方地区湿度大，用量要少，北方气候干燥，用量要适当多些；夏季用量少些，冬季用量多些。以地面、墙壁、天花板均匀湿润、家禽体表微湿的程度为最好。

如果用的是农用喷雾器，压力一定要足，这样出来的雾滴粒子才能比较小。

当然，环境的基本清洁是必需的，平时还要经常打扫鸭舍，清除鸭粪、羽毛、垫料、屋顶蜘蛛网及墙壁、地面、物品上的尘土，对一些可有可无的物品，应清出鸭舍。

有机物的存在是会影响消毒效果的，如粪便、禽毛等，故消毒前只有清扫干净，才能保证消毒的效果。

（三）注意事项

（1）活疫苗免疫接种前后 3 天内停止带鸭消毒，以防影响免疫效果。

（2）为减少应激，喷雾消毒时间最好固定，让鸭群有个习惯适应，且应该在暗光下或在傍晚时进行。

（3）喷雾时应选择无风或风小的时候进行，或者关闭门窗，消毒后应加强通风换气，便于鸭体表及鸭舍干燥。

（4）根据不同消毒药的消毒作用、特性、成分、原理，最好几种消毒药交替使用。一般情况下，一种药剂连续使用2~3次后，就要更换另外一种药剂，以防病原微生物对消毒药产生抗药性，影响消毒效果。

（5）带鸭消毒会降低鸭舍温度，冬季应先适当提高舍温或直接用40℃左右的温水喷药消毒。

三、鸭运动场地面、土坡的消毒

病鸭停留过的圈舍、运动场地面、土坡，应该立即清除粪便、垃圾和铲除表土，倒入沼气池进行发酵处理。没有沼气池的，粪便、垃圾、铲除的表土按1∶1的比例与漂白粉混合后深埋。处理后的地面还需喷洒消毒。

生态放牧饲养的鸭群，牧场被污染严重的，可以空置一段时间，利用阳光或种植某些对病原体有杀灭力的植物（如大蒜、大葱、小麦、黑麦等），连种数年，土壤可发生自洁作用。

四、鸭场水塘的消毒

由于病鸭的粪便直接排在水塘里，鸭场水塘污染一般比较严重，有大量的病菌和寄生虫，往往造成年鸭群疫病流行，所以，要经常对水塘进行消毒。常年饲养的老水塘，还需要定期清塘。

1. 平时消毒　按每667平方米水深1米的水面，用含氯量30%的漂白粉1千克全塘均匀泼洒，夏季每周1次，冬季每月1次；或者每667平方米水深1米的水面用生石灰20千克，加水调和全池均匀泼洒，夏季每周1次，冬季每月1次，可预防一般性细菌病。夏季每月用硫酸铜与硫酸亚铁合剂（5∶2）全池泼洒，可杀灭寄生虫和因水体过肥产生的蓝绿藻类。

2. 清塘　清塘时使用高浓度药物，可彻底杀灭潜伏在池塘中的寄生虫和微生物等病原体，还可以杀灭传播疾病的某些中间宿主，如螺、蚌以及青泥苔、水生昆虫、蝌蚪等。由于清塘时使用了高浓度的消毒药，鸭群不可进入，必须等待一段时间，换水并检测，确定对鸭体无伤害后方可进鸭。清塘方法：先抽干池塘污水，再清除池塘淤泥，最后按每667平方米（水深1米）用生石灰125~150千克，或者漂白粉13.5千克，全塘泼洒。

五、人员、衣物等的消毒

本场人员若去过有传染病发生的地方，则须对人员进行消毒隔离。在日常工作中，饲养员进入生产区时，应淋浴更衣，换工作服，消毒液洗手，踩消毒池，经紫外线消毒后进入鸭舍，消毒过程须严格执行。工作服、靴、帽等，用前先洗干净，然后放在消毒室，用28~42毫升/米^{3}福尔马林熏蒸30分钟备用。人员进出场舍都要用0.1%新洁尔灭或0.1%过氧乙酸消毒液洗手、浸泡3~5分钟。

六、孵化室的消毒

孵化室通道的两端通常要设消毒池、洗手间、更衣室，工人及工作人员进出必须更衣、换鞋、洗手消毒、戴口罩和工作帽，雏鸭调出后、上蛋前都必须进行全面彻底的消毒，包括孵化器及其内部设备、蛋盘、搁架、雏鸭箱、蛋箱、门窗、墙壁、顶棚、室内外地坪、过道等都必须进行清洗喷雾消毒。第一次消毒后，在进蛋前还必须再进行一次密闭熏蒸消毒，确保下批出壳雏鸭不受感染。此外，孵化室的废弃物不能随便丢弃，必须妥善处理，因为卵壳等带病原的可能性很大，稍有不慎就可能造成污染。

七、育雏室的消毒

育雏室的消毒和孵化室一样，每批雏鸭调出前后都必须对所有饲养工具、饲槽、饮水器等进行清洗、消毒，对室内外地坪必

须清洗干净，晾干后用消毒药水喷洒消毒，入雏前还必须再进行一次熏蒸消毒，确保雏鸭不受感染。育雏室的进出口也必须设立消毒池、洗手间、更衣室，工作人员进出必须严格消毒，并戴上工作帽和口罩，严防带入病菌。

八、饲料仓库与加工厂的消毒

家禽饲料中动物蛋白是传播沙门杆菌的主要来源，如外来饲料带有沙门杆菌、肉毒梭菌、黄曲霉菌及其他有毒的霉菌，必然造成饲料仓库和加工厂的污染，轻则引起慢性中毒，重则出现暴发性中毒死亡。因此饲料仓库及加工厂必须定期消毒，杀灭各种有害病原微生物，同时也应定期杀虫、灭鼠，消灭仓库害虫及鼠害，减少病原传播。库房的消毒可采用熏蒸灭菌法，此法简单方便，效果好，可节省人力、物力。

九、饮水的消毒

（一）饮水的消毒方法

饮水的消毒方法有煮沸消毒、紫外线消毒、超声波消毒、磁场消毒、电子消毒等物理方法和化学消毒法。化学消毒法是养殖场饮用水消毒的常用方法。

理想的饮用水消毒剂应无毒、无刺激性，可迅速溶于水中并释放出杀菌成分，对水中的病原微生物杀灭力强，杀菌谱广，不会与水中的有机物或无机物发生化学反应和产生有害有毒物质，不残留，价廉易得，便于保存和运输，使用方便等。目前常用的饮用水消毒剂主要有氯制剂、碘制剂和二氧化氯。

（二）饮水消毒的操作方法

为了做好饮用水的消毒，首先必须选择合适的水源。在有条件的地方尽可能地使用地下水。在采用地表水时，取水口应在鸭场自身以及工业区或居民区的污水排放口上游，并与之保持较远的距离；取水口应建立在靠近湖泊或河流中心的地方，如果只能在近岸处取水，则应修建能对水进行过滤的过滤井；在修建供水系统时应考虑到对饮用水的消毒方式，最好建筑水塔或蓄水池。

1. 一次投入法 在蓄水池或水塔内放满水，根据其容积和消毒剂稀释要求，计算出需要的化学消毒剂量，在饮用前，投入到蓄水池或水塔内拌匀，然后让畜禽饮用。一次投入法需要在每次饮完蓄水池或水塔中的水后再加水，加水后再添加消毒剂。这样频繁地在蓄水池或水塔中加水加药，十分麻烦，因此，这种方法只适用于需水量不大的小规模养殖场和有较大的蓄水池或水塔的养殖场。

2. 持续消毒法 由于规模化养殖场需要持续供水，所以一次性在水中加入消毒剂，仅可维持较短的时间，频繁加药又十分麻烦，为此可在贮水池中应用持续氯消毒法，可一次投药后保持7~15天对水的有效消毒。方法是将消毒剂用塑料袋或塑料桶等容器装好，装入的量为用于消毒1天饮用水的消毒剂的20或30倍量，将其拌成糊状，视用水量的大小在塑料袋（桶）上打0.2~0.4毫米的小孔若干个，将塑料袋（桶）悬挂在供水系统的入水口内，在水流的作用下消毒剂缓慢地从袋中释出。由于此种方法控制水中消毒剂浓度完全靠塑料袋上孔的直径大小和数目多少，因此一般应在第一次使用时进行试验，以确保在7~15天内袋中的消毒剂完全被释放，有可能时需测定水中的余氯量，必要时也可测定消毒后水中的细菌总数来确定消毒效果。

（三）饮水消毒的注意事项

1. 选用安全有效的消毒剂 饮水消毒的目的虽然不是为了给畜禽饮消毒液，但归根结底消毒液会被畜禽摄入体内，而且是持续饮用。因此，对所使用的消毒剂，要认真地进行选择，以避免给鸭群带来危害。

2. 正确掌握浓度 进行饮水消毒时，要正确掌握用药浓度，

并不是浓度越高越好，既要注意浓度，又要考虑副作用的危害。

3. 检查饮水量 饮水中的药量过多，会给饮水带来异味，引起畜禽的饮水量减少。应经常检查饮水的流量和畜禽的饮用量，如果饮水不足，特别是夏季，将会引起生产性能下降。

4. 避免破坏免疫作用 在饮水中投放疫苗或气雾免疫前后各1天，计3天内，必须停止饮水消毒。同时，要把饮水用具洗净，避免消毒剂破坏疫苗的免疫作用。

十、环境的消毒

禽场的环境消毒，包括禽舍周围的空地、场内的道路及进入大门的通道等处的消毒。正常情况下除进入场内的通道要设立经常性的消毒池外，一般每半年或每季度定期用氨水或漂白粉溶液，或来苏儿进行喷洒，全面消毒，在出现疫情时应每天消毒一次，防止疫源扩散。消毒常用的消毒药有氢氧化钠（又称火碱、苛性钠等）、过氧乙酸、草木灰、石灰乳、漂白粉、石炭酸、高锰酸钾和碘酊等，不同的消毒药因性状和作用不同，消毒对象和使用方法不一致，药物残留时间也不尽相同，使用时要保证消毒药安全、易使用、高效、低毒、低残留和对人畜禽无害。

进雏鸭前，鸭舍周围5米以内和鸭舍外墙用0.2%~0.3%的过氧乙酸或2%的氢氧化钠溶液喷洒消毒，场区道路、建筑物等每天用0.2%次氯酸钠溶液喷洒1次进行消毒。鸭舍间的空地每季度翻耕，用火焰枪喷表层土壤，烧去有机物。

十一、设备用具的消毒

料槽等塑料制品先用水冲刷，晒干后用0.1%新洁尔灭刷洗消毒，再与鸭舍一起进行熏蒸消毒；蛋箱蛋托用氢氧化钠溶液浸泡洗净再晾干；商品肉鸭场运出场外的运输笼则在场外设消毒点消毒。

十二、车辆的消毒

外部车辆不得进入生产区，生产区内车辆定期消毒，不出生产区，进出鸭场的车辆须经场区大门消毒池消毒，消毒池与大门等宽，长至少为车轮周长的 2 倍，内放 3 厘米深的 2%氢氧化钠溶液，每天换消毒液，若放 0.2%的新洁尔灭则每 3 天换 1 次。

十三、垫料的消毒

鸭出栏后，从鸭舍清扫出来的垫草垫料，运往处理场地堆沤发酵或烧毁，一般不再重新用作垫草。新换的垫草，常常带有霉菌、螨及其他昆虫等，因此在搬入鸭舍前必须进行翻晒消毒。垫草的消毒可用甲醛、高锰酸钾熏蒸；最好用环氧乙烷熏蒸，穿透性比甲醛强，且具有消毒、杀虫两种功能。

十四、种蛋的消毒

种蛋在产出及保存过程中，很容易被细菌污染，如不消毒，就会影响孵化效果，甚至可能将疾病传染给雏鸭。因此，对即将入孵的种蛋必须消毒，以提高孵化率，防止发生传染病。现介绍甲醛熏蒸法、新洁尔灭消毒法、过氧乙酸熏蒸法及碘液浸泡法等几种常见的消毒方法。

1. 甲醛熏蒸法　此法能消灭种蛋壳表层 95%的细菌、微生物。方法是：按每立方米用高锰酸钾 20 克、福尔马林 40 毫升，加少量温水，置于 20～25℃密闭的室内熏蒸 0.5 小时，保持室内相对湿度 75%～80%。盛消毒药的容器要用陶瓷器皿，先放高锰酸钾，后倒入福尔马林，然后迅速密闭门窗熏蒸（注意：切不可先放福尔马林后放高锰酸钾）。熏蒸 24 小时后打开门窗通风，即可孵化。

2. 新洁尔灭消毒法　用 0.1%的新洁尔灭溶液喷洒种蛋表

面，也可用于浸泡种蛋 3 分钟。但新洁尔灭切忌与高锰酸钾、汞、碘、碱、肥皂等合用。

3. 过氧乙酸熏蒸法　此法使用较为普遍，即每立方米空间用16%的过氧乙酸溶液 40~60 毫升，高锰酸钾 4~6 克，熏蒸 15 分钟。

4. 碘液浸泡法　指入孵前的一种消毒方式。即将种蛋放入 0.1%的碘溶液（10 克碘片+15 克碘化钾+1 000 毫升水，溶解后倒入 9 000 毫升清水）中，浸泡 1 分钟。

5. 漂白粉浸泡法　将种蛋放入含有效氯 1.5%的漂白粉溶液中浸泡 3 分钟即可。

十五、人工授精器械的消毒

采精和输精所需器械必须经高温高压灭菌消毒。稀释液需在高压锅内经 30 分钟高压灭菌，自然冷却后备用。

十六、诊疗室及医疗器械的消毒

诊疗室的消毒主要包括两部分内容，即兽医诊疗室的消毒和兽医诊疗器械及用品的消毒。其消毒必须是经常性的和常规性的。

1. 兽医诊疗室的消毒　鸭场一般都要设置兽医诊疗室，负责整个鸭场的疫病防治、消毒管理和免疫接种等工作。兽医诊疗室是病原微生物集中或密度较高的地方。因此，首先要搞好诊疗室的消毒灭菌工作，才能保证全场消毒工作和防病工作的顺利进行。室内空气消毒和空气净化可以采用过滤、紫外线照射（诊室内安装紫外线灯，每立方米 2 ~ 3 瓦）、熏蒸等方法；诊疗室内的地面、墙壁、棚顶可用 0.3%~0.5%的过氧乙酸溶液或 5%的氢氧化钠溶液喷洒消毒；诊疗室的废弃物和污水也要处理消毒，废弃物和污水数量少时，可与粪便一起堆积生物发酵消毒处理；

量大时，使用化学消毒剂消毒，如加入15%～20%的漂白粉搅拌均匀，作用3～5 小时消毒处理。

2. 兽医诊疗器械及用品的消毒　兽医诊疗器械及用品是直接与鸭接触的物品。用前和用后都必须按要求进行严格的消毒。根据器械及用品的种类和使用范围不同，其消毒方法和要求也不一样。一般对进入鸭体内或与黏膜接触的诊疗器械，如解剖器械、注射器及针头等，必须经过严格的消毒灭菌；对不进入动物组织内也不与黏膜接触的器具，一般要求去除细菌的繁殖体及亲脂类病毒。

第六节　消毒效果的检测与强化消毒效果的措施

一、消毒效果的检测

消毒的目的是消灭被各种带菌动物排泄于外界环境中的病原体，切断疾病传播链，尽可能地减少发病概率。消毒效果受到多种因素的影响，包括消毒剂的种类和使用浓度、消毒时的环境条件、消毒设备的性能等。因此，为了掌握消毒的效果，以保证最大限度地杀灭环境中的病原微生物，防止传染病的发生和传播，必须对消毒对象进行消毒效果的检测。

（一）消毒效果检测的原理

在喷洒消毒液或经其他方法消毒处理前后，分别用灭菌棉棒在待检区域取样，并置于一定量的生理盐水中，再以10 倍稀释法稀释成不同倍数，然后分别取定量的稀释液，置于加有固体培养基的培养皿中，培养一段时间后取出，进行细菌菌落计数，比较消毒前后细菌菌落数，即可得出细菌的消除率，根据结果判定消毒效果的好坏。

细菌消除率=（消毒前菌落数-消毒后菌落数）/消毒前菌落数×100%

（二）消毒效果检测的方法

1. 地面、墙壁和顶棚消毒效果的检测方法

（1）棉拭子法：用灭菌棉拭子蘸取灭菌生理盐水分别对禽舍地面、墙壁、顶棚进行未经任何处理前和消毒剂消毒后 2 次采样，采样点为至少 5 块相等面积（3 厘米×3 厘米）。用高压灭菌过的棉棒蘸取含有中和剂（使消毒药停止作用）的 0.03 摩/升的缓冲液中，在试验区事先划出的 3 厘米×3 厘米的面积内轻轻滚动涂抹，然后将棉棒放在生理盐水管中（若用含氯制剂消毒，应将棉棒放在 15%的硫代硫酸钠溶液中，以中和剩余的氯），然后投入灭菌生理盐水中。振荡后将洗液样品接种在普通琼脂培养基上，置 37℃恒温箱中培养 18~24 小时后进行菌落计数。

（2）影印法：将 50 毫升注射器去头并灭菌，无菌分装普通琼脂制成琼脂柱。分别对鸭舍地面、墙壁、顶棚各采样点进行未经任何处理前和消毒剂消毒后 2 次影印采样，并用灭菌刀切成高约 1 厘米厚的琼脂柱，正置于灭菌平皿中，于 37℃恒温箱中培养 18~24 小时后进行菌落计数。

2. 空气消毒效果的检查方法

（1）平皿暴露法：将待检房间的门窗关闭好，取普通琼脂平板 4~5 个，打开盖子后，分别放在房间的四角和中央暴露 5~30 分钟（根据空气污染程度而定）。取出后放入 37℃恒温箱中培养 18~24 小时，计算生长菌落。消毒后，再按上述方法在同样地点取样培养，根据消毒前后的细菌数的多少，即可按上述公式计算出空气的消毒效果。但该方法只能捕获直径大于 10 微米的病原颗粒，对体积更小、流行病学意义更大的传染性病原颗粒很难捕获，故准确性差。

（2）液体吸收法：先在空气采样瓶内放 10 毫升灭菌生理盐

水或普通肉汤，抽气口上安装抽气唧筒，进气口对准欲采样的空气，连续抽气 100 升，抽气完毕后分别吸取其中液体 0.5 毫升、1 毫升、1.5 毫升，分别接种在培养基上培养。按此法在消毒前后各采样 1 次，即可测出空气的消毒效果。

（3）冲击采样法：用空气采样器先抽取一定体积的空气，然后强迫空气通过狭缝直接高速冲击到缓慢转动的琼脂培养基表面，经过培养，比较消毒前后的细菌数。该方法是目前公认的标准空气采样法。

（三）结果判定

如果细菌减少了 80% 以上为良好，减少了 70%～80% 为较好，减少了 60%～70% 为一般，减少了 60% 以下则为消毒不合格，需要重新消毒。

二、强化消毒效果的措施

（一）制定合理的消毒程序并认真实施

在消毒操作过程中，影响消毒效果的因素很多，如果没有一个详细、全面的消毒计划并严格落实实施，消毒的随意性大，就不可能收到良好的消毒效果。

1. 消毒计划（程序）　消毒计划（程序）的内容应该包括消毒的场所或对象，消毒的方法，消毒的时间、次数，消毒药的选择、配比稀释、交替更换，消毒对象的清洁卫生以及清洁剂或消毒剂的使用等。

2. 执行控制　消毒计划落实到每一个饲养管理人员，严格按照计划执行并要监督检查，避免随意性和盲目性；要定期进行消毒效果检测，通过肉眼观察和微生物学的监测，以确保消毒的效果，有效减少或排除病原体。

（二）选择适宜的消毒剂和适当的消毒方法

见本章第三节有关内容。

（三）职业防护与生物安全

无论采取哪种消毒方式，都要注意消毒人员的自身防护。消毒防护首先要严格遵守操作规程和注意事项，其次要注意消毒人员以及消毒区域内其他人员的防护。防护措施要根据消毒方法的原理和操作规程来制定。例如，进行喷雾消毒和熏蒸消毒就要穿上防护服，戴上眼镜和口罩；进行紫外线的照射消毒，室内人员都应该离开，避免直接照射。在干热灭菌时防止燃烧；压力蒸汽灭菌时防止爆炸事故及操作人员的烫伤事故；使用气体化学消毒时，防止有毒消毒气体的泄漏，经常检测消毒环境中气体的浓度，对环氧乙烷气体还应防止燃烧、爆炸事故；接触化学消毒剂时，防止过敏和皮肤黏膜损伤等。对进出鸭场的人员通过消毒室进行紫外线照射消毒时，眼睛不能看紫外线灯，避免眼睛被灼伤。

第二章　鸭场的防疫

第一节　场址选择和布局

一、场址确定与建场要求

1. 水源充足，水活浪小　鸭的日常活动都与水有密切联系，洗澡、交配都离不开水，水上运动场是完整鸭舍的重要组成部分，所以养鸭的用水量特别大，要有廉价的自然水源，才能降低饲养成本。选择场址时，水源充足是首要条件，即使是干旱的季节，也不能断水（图 2.1）。通常将鸭舍建在河湖之滨，水面尽量宽阔，水活浪小，水深为 1～2 米。如果是河流交通要道，不应选主航道，以免骚扰过多，引起鸭群应激。大型鸭场，最好场内另建深井，以保证水源和水质。

图 2.1　水源要充足

2. 交通方便，不紧靠码头　鸭场的产品、饲料以及各种物资的进出，运输所需的费用相当大，建场时要选在交通方便，尽可能距离主要集散地近些，最好有公路、水路或铁路连接，以降低运输费用，但绝不能在车站、码头或交通要道（公路或铁路）的近旁建场，以免给防疫造成麻烦。而且，环境不安静，也会影响鸭的产蛋和长肉。

3. 地势高燥，排水良好　鸭场的地形要稍高一些，地势要略向水面倾斜，最好有 5°～10°的坡度，以利排水；土质以沙质壤土最适合，雨后易干燥，不宜选在黏性太大的重黏土上建造鸭场，否则容易造成雨后泥泞积水。尤其不能在排水不良的低洼地建场，否则每年雨季到来时，鸭舍被水淹没，造成不可估量的损失。

4. 环境无污染　场址周围 5 000 米内，绝对不能有禽畜屠宰场，也不能有排放污水或有毒气体的化工厂、农药厂，并且离居民点也要在 500 米以上。鸭场所使用的水必须洁净，每 100 毫升水中的大肠杆菌数不得超过 5 000 个；溶于水中的硝酸盐或亚硝酸盐含量如超过 50×10^{-6}，对鸭的健康有损害。针对以上情况，由于目前还缺乏有效的消除办法，应另找新的水源。尽可能在工厂和城镇的上游建场，以保持空气清新、水质优良、环境不被污染。

5. 朝向以坐北朝南最佳　鸭舍的位置要放在水面的北侧，把鸭滩和水上运动场放在鸭舍的南面，使鸭舍的大门正对水面向南开放，这种朝向的鸭舍，冬季采光面积大、吸热保温好；夏季又不受太阳直晒、通风好，具有冬暖夏凉的特点，有利于鸭的产蛋和生长发育。

二、场区规划及场内布局

（一）大型鸭场各区间划分

建立鸭场，应当将行政区、生活区、生产区、粪污处理区独立分隔，保持一定的间距。生活区建有职工宿舍、食堂及其他生活服务设施等；行政区包括办公室、资料室、会议室、供电室、锅炉房、水塔、车库等；生产区包括洗澡、消毒、更衣室，饲养员休息室，鸭舍（育雏舍、育成舍、蛋鸭或肉鸭舍、种鸭舍），蛋库，饲料库，产品库，水泵房，机修室等；粪污处理区包括兽医室、病鸭舍、厕所、粪污处理池等。

（二）小型鸭场区划布局

小型鸭场各区划分与大型鸭场基本一致，只是在布局时，一般将饲养员宿舍、仓库、食堂放在最外侧的一端，将鸭舍放在最里端，以避免外来人员随便出入，也便于饲料、产品等的运输和装卸。

（三）区间规划布局原则

在进行鸭场规划布局时，一要便于管理，有利于提高工作效率，照顾各区间的相互联系；二要便于搞好防疫卫生工作，规划时要充分考虑风向和河道的上下游的关系；三是生产区应按作业的流程顺序安排；四要节约基建投资费用。

根据以上原则，具体规划时要将养鸭场各种房舍分区规划。按地势高低和主导风向，将各种房舍依防疫需要的先后次序，进行合理安排。如果地势与风向不一致，按防疫要求又不好处理，则以风向为主，地势原因形成的矛盾可通过增加设施的方法（如挖沟、设障等）加以解决。按主导风向考虑，行政区应设在与生产区风向平行的一侧，生活区设在行政区之后；按河道的上下游考虑，育雏舍、育成舍应在上游，产蛋鸭舍在其后，种鸭舍与上述鸭舍应有 300 米以上的距离。行政区与生活区应远离放鸭的河

道，保证生活污水不排入河道中。从便于作业考虑，饲料仓库应位于生产区和行政区之间，并尽可能接近耗料最多的鸭舍；从防疫角度考虑，场内道路应分清洁道和非清洁道，两者互不交叉，清洁道用于运输活鸭、饲料、产品，非清洁道用于运输粪便、死鸭等污物。生产区、生活区、行政区之间应有围墙隔开，并在中间种草种花，设置绿化带。尤其是生产区，一定要有围墙，进入生产区内必须换衣、换鞋、消毒。生活区与生产区之间应保持一定距离。

（四）生产区布局设计

生产区是鸭场总体布局中的主体，设计时应根据鸭场的性质有所偏重。种鸭场应以种鸭舍为重点，商品鸭场应以鸭舍为重点。各类鸭舍之间最好设绿化隔离带。

一个完整的平养鸭舍，通常包括鸭舍、鸭滩（陆上运动场）、水围（水上运动场）三部分。

1. 鸭舍　最基本的要求是向阳干燥、通风良好，能遮阴防晒、阻风挡雨、防止兽害（图 2.2）。鸭舍的面积不要太大。一般的生产鸭舍宽度为 8~10 米，长度根据需要来定，但最好控制在 100 米以内，以便于管理和隔离消毒。舍内地面应比舍外高 20~30 厘米，以利于排水。

图 2.2　鸭舍要向阳干燥，通风良好，避阴防晒，挡风遮雨，防止兽害

一个大的鸭舍要分若干小间，每个小间的形状以正方形或接近正方形为好，便于鸭群在室内转圈活动。绝不能将小间隔成长方

形，因为长方形较狭长，鸭在舍内运动时容易拥挤踏伤。

2. 鸭滩 鸭滩是水面与鸭舍之间的陆地部分，是鸭子的陆地运动场（图 2. 3），面积是鸭舍面积的 1. 5~2 倍。地面要平整，略向水面倾斜，不允许坑坑洼洼，以免蓄积污水。鸭滩的大部分地方是泥土地面，只在连接水面的倾斜处用水泥沙石做成倾斜的缓坡，坡度 25°~30°，斜坡要深入水中，并低于枯水期的最低水位。鸭滩斜坡与水面连接处必须用砖石砌好，不能图一时省钱用泥土修建。由于这个斜坡是鸭每天上岸、下水的必经之路，使用率极高，而且上有风吹雨打，下有水浪拍击，非常容易损坏，必须修得坚固、平整。有条件和资金充足的养鸭场，最好将鸭滩和斜坡用沙石铺底后，抹上水泥，这样的路既坚固，又方便清洁，在鱼鸭混养的鸭场还方便将鸭粪冲入鱼池。鸭滩出现坑洼要及时修复，以利于鸭群活动。沙石路面的鸭滩，可用喂鸭后剩下的河蚌壳、螺蛳壳铺在滩上，这样即使在大雨过后，鸭滩仍可以保持排水良好，不会泥泞不堪。

图 2. 3 鸭滩（陆上运动场）

3. 水围　水围是鸭的水上运动场所，鸭子可以在水上运动场内玩耍嬉戏、繁殖交配等（图 2.4）。水围的面积不应小于鸭滩。一般每 100 只鸭需要的水围面积为 30～40 米^2，且随鸭的年龄增长而增加。考虑到枯水季节水面要缩小，有条件的地方要尽可能大一些。

在鸭舍、鸭滩、水围三部分的连接处，均需用围栏把它们围成一体，根据鸭舍的分间和鸭分群情况，每群隔成一个部分。陆上运动场的围栏高度为 1 米左右。水上运动场的围栏应超过最高水位 0.5 米、深入水下 1 米以上；如果用于育种或饲养试验的鸭舍，必须进行严格分群，围栏应深入水底，以免串群。有的地方将围栏做成活动的，围栏高 1.5～2 米，绑在固定的桩上，视水位高低而灵活升降，经常保持在水上 0.5 米、水下 1～1.5 米的水平。

图 2.4　水围（水上运动场）

4. 戏水池　缺乏大型池塘的鸭场在陆地上运动场外可以修建戏水池（图 2.5），戏水池可因地制宜。鸭舍、陆上运动场、水上运动场（戏水池）面积比例为1：（1.5~2）：（1.5~2）。

图2.5　戏水池的面积和陆上运动场等大，是鸭舍的1.5~2倍

三、鸭场环境卫生控制与监测

（一）环境卫生控制

鸭最适宜在水源清洁、场地宽敞、气候温和、空气新鲜和安静卫生的环境中生长和繁殖。

1. 隔离　鸭舍借通风系统排出污秽气体和水汽，这些污秽气体和水汽中夹杂着饲料粉尘和微粒。如某幢鸭舍中的鸭群发生了疫情，病原微生物常常是通过排出的微粒而被携带出去，威胁或感染相邻的鸭群。为了使鸭舍排出的污气尘埃等微小物粒不能进入相邻的鸭舍，鸭舍间应保持一定的距离，最好在50米以上，也可将鸭舍改为纵向通风或负压过滤通风。

2. 粪便无害化处理

（1）鸭场粪污对生态环境的污染：养鸭场在为市场提供鸭产品时，大量的粪便和污水也在不断地产生。污物大多为含氮、

磷物质，未经处理的粪尿。一部分氮挥发到大气中，增加了大气中的氮含量，严重的形成酸雨，危害农作物；其余的大部分被氧化成硝酸盐渗入地下或随地表水流入河道，造成更为广泛的污染，致使公共水系中的硝酸盐含量严重超标。磷排入江河会严重污染水质，造成藻类和浮游生物的大量繁殖。鸭的配合饲料中含有较高的微量元素，经消化吸收后多余的随排泄物排出体外，其粪便作为有机肥料播撒到农田中去，长此以往，将导致磷、铜、锌等元素在环境中的富集，对农作物产生毒害作用。

另外，粪便通常带有致病微生物，容易造成土壤、水和空气的污染，从而导致禽传染病、寄生虫病的传播。

（2）解决鸭场污染的主要途径：主要有以下几种途径。

①总体规划、合理布局、加强监管。为了科学规划畜牧生产布局，规范养殖行为，避免因布局不合理而造成对环境的污染，畜牧、土地、环保等部门要明确职责，加强配合。畜牧部门应会同土地、环保部门依据《畜牧法》等法律法规并结合村镇整体规划，划定禁养区、限养区及养殖发展区。在禁养区内禁止发展养殖，已建设的鸭养殖场，通过政策补贴等措施限期搬迁；在限养区内发展适度规模养殖，严格控制养殖总量；在养殖区内，按标准化要求，结合自然资源情况决定养殖品种及规模。对鸭养殖场排放污物，环保部门开展不定期的检测监管，督促各养殖场按国家《畜禽养殖粪污排放标准》达标排放。要在政府的统一指挥协调下对养殖行为形成制度化管理，土地部门对养殖用地在进行审批时，必须有畜牧、环保部门的签字意见方可审批。

②提升养殖技术，实现粪污减量化排放。加大畜牧节能环保、生态健康养殖新技术的普及力度。如通过推广微生物添加剂的方法提高饲料转化率，促进饲料营养物质的吸收，减少含氮物的排放；通过运用微生物发酵处理发展生物发酵床养殖、应用干湿粪分离、雨水与污水分开等技术减少污物排放；通过污物多级

沉淀、厌氧发酵等实现污物的达标排放。在新技术的推动下，发展健康养殖，达到节能减排的目的。

③开辟多种途径，提高粪污资源化利用率。根据市场需求，利用自然资源优势，发挥社会力量，多渠道、多途径开展养殖粪污治理，变废为宝。

(3) 粪便污水的综合利用技术：主要有以下几种方式。

①发展种养结合养殖模式。在种植区域建设适度规模的养殖场，使粪污处理能力与养殖规模相配套，养殖粪污通过堆放腐熟施入农田，实现农牧结合处理粪污。

②实施沼气配套工程。养殖场配套建设适度规模的沼气池，利用厌氧产沼技术，将粪污转化为生活能源及植物有机肥，实现粪污资源再利用，达到减排的目的（养鸭场沼气配套工程示意图见图 2.6）。根据对部分养殖场的调查，由于技术、沼渣沼液处置等多方面原因，农户中途放弃使用沼气池的现象较为普遍。因此，要加强跟踪服务工作，提高管理水平，避免出现沼气池成“摆设”的现象。

③开展深加工，实现粪污商品化。从养殖业长期历史习惯以及养殖业主经济实力来看，按“谁污染谁治理”的原则，目前大多数规模养殖场（户）很难自行解决粪污治理问题。政府必须通过政策扶持、资金奖励等方式引导社会企业开发粪污处理技术，建设有机肥料加工厂。将养殖行业的粪污“收购”后，运用现代加工技术生产成包装好、运输方便，使用简单、效果好的有机肥成品出售，为种植、水产养殖户提供生态、环保、物美价廉的有机肥料产品，既解决养殖污染问题，又充分利用资源，优化了种植和养殖环境，实现了资源循环利用。在条件成熟的情况下，也可依照城市垃圾发电的模式，开发利用养殖粪污发电等项目。

3. 病死鸭无害化安全处理 病死鸭尸体，坚决不能图私利

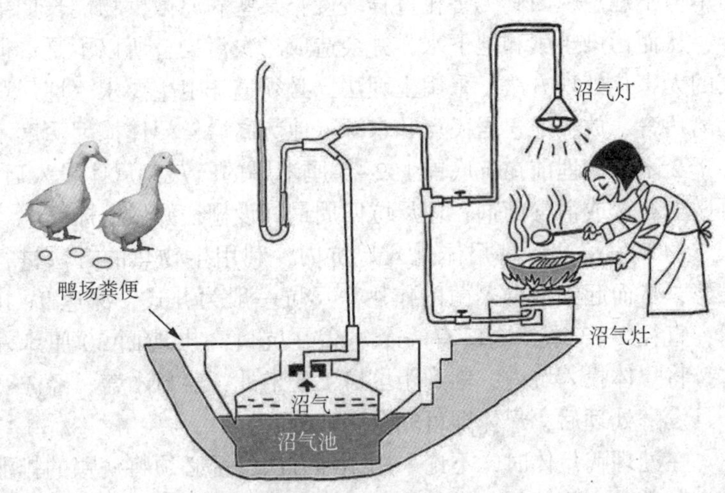

图 2.6　养鸭场沼气配套工程示意

而出售，必须及时地无害化处理，处理方法有以下几种。

（1）焚烧法：焚烧是一种较完善的方法，但不能利用产品，且成本高，故不常用。但对一些危害人、畜健康极为严重的传染病病鸭的尸体，仍有必要采用此法。焚烧时，先在地上挖一个十字形沟（沟长约 2.6 米，宽 0.6 米，深 0.5 米），在沟的底部放木柴和干草做引火用，于十字沟交叉处铺上横木，其上放置鸭尸体，尸体四周用木柴围上，然后洒上煤油焚烧，尸体烧成黑炭为止。或用专门的焚烧炉焚烧。

（2）高温处理法：此法是将鸭尸体放入特制的高温锅（温度达 150℃）内或有盖的大铁锅内熬煮，达到彻底消毒的目的。鸭场也可用普通大锅，经 100℃以上的高温熬煮处理。此法可保留一部分有价值的产品，但要注意熬煮的温度和时间，必须达到消毒的要求。

（3）土埋法：是利用土壤的自净作用使其无害化。此法虽简单但不理想，因其无害化过程缓慢，某些病原微生物能长期生存，从而污染土壤和地下水，并会造成二次污染，所以不是最彻底的无害化处理方法。采用土埋法，必须遵守卫生要求，埋尸坑远离鸭舍、放牧地、居民点和水源，地势高燥，尸体掩埋深度不小于2米。掩埋前在坑底铺上2~5厘米厚的石灰，尸体投入后，再撒上石灰或消毒药剂，埋尸坑四周最好设栅栏并做上标记。

（4）发酵法：将尸体抛入尸坑内，利用生物热的方法进行发酵，从而起到消毒灭菌的作用。尸坑一般为井式，深达9~10米，直径2~3米，坑口有一个木盖，坑口高出地面30厘米左右。将尸体投入坑内，堆到距坑口1.5米处，盖封木盖，经3~5个月发酵处理后，尸体即可完全腐败分解。

在处理鸭尸体时，不论采用哪种方法，都必须将病鸭的排泄物、各种废弃物等一并进行处理，以免造成环境污染。

4. 使用环保型饲料 考虑营养而不考虑环境污染的日粮配方，会给环境造成很大的压力，并带来浪费和污染，同时，也会污染鸭产品。由于鸭对蛋白质的利用率不高，饲料中50%~70%的氮以粪氮和尿氮的方式排出体外，其中一部分氮被氧化成硝酸盐。此外，一些未被吸收利用的磷和重金属等渗入地下或地表水中或流入江河，从而造成广泛的污染。

资料表明，如果日粮干物质的消化率从85%提高到90%，那么随粪便排出的干物质可减少1/3，日粮蛋白质减少2%，粪便排泄量就降低20%。粪污的恶臭主要由蛋白质腐败产生，如果提高日粮蛋白质的消化率或减少蛋白质的供给量，那么臭气物质将大大减少。按可消化氨基酸配制日粮，补充必要氨基酸和植酸酶等，可提高氮、磷的利用率，减少氮、磷的排泄。营养平衡配方技术、生物技术、饲料加工工艺的改进、饲料添加剂的合理使用等新技术的出现，为环保饲料指明了方向。

5. 场区绿化 鸭场的绿化是企业文明生产的标志，绿化不仅可以美化环境，改善鸭场的自然面貌，而且对鸭场的环境保护、提高生产经济效益有明显的作用。

此外，可以在不影响鸭舍通风的情况下，在舍外空地、运动场、隔离带种植树木、藤蔓植物和草坪等，这些植物能降低细菌含量，还具有除尘、除臭，防大风、防噪声等作用，对改善舍外环境有很大的帮助，也可采用先进的环保技术，提高环境卫生条件，最好不要用垫料。

（二）严格制度和监测

要真正搞好鸭场的环境保护，必须以严格的卫生防疫制度做保证。加强环保知识的宣传，建立和健全卫生防疫制度是搞好鸭场环境保护工作的保障，应将鸭场的环境保护问题纳入鸭场管理的范畴，应经常向职工宣传环保知识，使大家认识到环境保护与鸭场经济效益、个人切身利益密切相关。制定切实的措施，并抓好落实。同时搞好环境卫生监测，环境卫生监测包括空气、水质和土壤的监测，应定期进行，为鸭舍环保提供依据。

在建场时即须确保无公害鸭场不受工矿企业的污染，鸭场建成后，要根据周围排放有害物质的工厂监测特定的指标，有氯碱厂则监测氯，有磷肥厂则监测氟。无公害鸭舍内空气的控制除常规的温湿度监测外，还涉及氨气、硫化氢、二氧化碳、悬浮微粒和细菌总数，必要时还须不定期监测鸭场及鸭舍的臭气。

在选择鸭场时即进行水质的控制与监测，主要根据供水水源性质而定。若用地下水，根据当地实际情况测定水感官性状（颜色、浊度和臭味等）、细菌学指标（大肠菌群数和蛔虫卵）和毒理学指标（氟化物和铅等），不符合无公害标准时，分别采取沉淀和加氯等措施。鸭场投产后根据水质情况进行监测，一年测1~2次。

无公害鸭生产逐渐向集约化方向发展，较少直接接触土壤，土壤对鸭的直接危害作用少，主要表现为种植的牧草和饲料危害鸭。土壤控制和监测在建场时即进行，之后可每年用土壤浸出液监测 1~2 次，测定指标有硫化物、氯化物、铅、氮化物等。

第二节 鸭场的卫生隔离

一、鸭场隔离的要求

1. 隔离的意义 隔离是指把养鸭生产和生活的区域与外界相对分隔开，避免各种传播媒介与鸭的接触，减少外界病原微生物进入鸭的生活区，从而切断传播途径。隔离应该从全方位、立体的角度进行。

2. 隔离设施

（1）鸭场选址与规划中的隔离：鸭场选址时要充分考虑自然隔离条件，与人员和车辆相对集中、来往频繁的场所（如村镇、集市、学校等）要保持相对较远的距离，以减少人员和车辆对鸭养殖场的污染；远离屠宰场和其他养殖场、工厂等，以减少这些企业所排放的污染物对鸭的威胁。

比较理想的自然隔离条件是场址处于山窝内或林地间，这些地方其他污染源少，外来的人员和车辆少，其他家养动物也少，鸭场内受到的干扰和污染概率低。对于农村养鸭场的选址，也可考虑在农田中间，这样在鸭场四周是庄稼，也能起到良好的隔离保护效果。

（2）鸭舍建造的隔离设计：鸭舍建造时要注意，要让护栏结构能有效阻挡老鼠、飞鸟和其他动物、人员进入。鸭舍之间留有足够的距离，能够避免鸭舍内排出的污浊空气进入相邻的鸭舍。

（3）隔离围墙与隔离门：为了有效阻挡外来人员和车辆随

意进入鸭饲养区，要求鸭场周围设置围墙（包括砖墙和带刺的铁丝网等）。在鸭场大门、进入生产区的大门处都要有合适的阻隔设备，能够强制性地阻拦未经许可的人员和车辆进入。对于许可进入的人员和车辆，必须经过合理的消毒环节后方可从特定通道入内。

（4）绿化隔离：绿化是鸭场内实施隔离的重要举措。青草和树木能够吸附大量的粉尘、有害气体及微生物，降低噪声，能够阻挡鸭舍之间的气体流动，调节场内小气候。按照要求，在鸭场四周、鸭舍四周、道路两旁都要种植乔木、灌木和草，全方位实行绿化隔离。

（5）水沟隔离：在鸭场周围开挖水沟或利用自然水沟建设鸭场，是实施鸭场与外界隔离的另一种措施。其目的也是阻挡外来人员、车辆和大动物的进入。

3. 场区与外界的隔离

（1）与其他养殖场之间保持较大距离：任何类型的养殖场都会不断地向周围排放污染物，如氮、磷、有害元素、微生物等。养殖场普遍存在蚊蝇、鼠雀，而这些昆虫和动物是病原体的主要携带者，它们的活动区域集中在场区内和外围附近地区。与其他养殖场保持较大距离就能够较好地减少由于刮风、鼠雀和蚊蝇活动把病原体带入场内。

（2）与人员活动密集场所保持较大距离：村庄、学校、集市是人员和车辆来往比较频繁的地方。而这些人员和车辆来自四面八方，很有可能来自疫区。如果鸭场离这些场所近，则来自疫区的人员和车辆所携带的病原体就可能扩散到场区内，威胁本场鸭的安全。另外，与村庄和学校近，养鸭场所产生的粪便、污水、难闻的气味、滋生的蚊蝇、老鼠等都会给人的生活环境带来不良影响。此外，离村庄太近，村庄内饲养的家禽也有可能会跑到鸭场来，而这些散养的家禽免疫接种不规范，携带病原体的可能性很大，会给养鸭场带来极大的疫病威胁。

（3）与其他污染源产生地保持较大距离：动物屠宰加工厂、医院、化工厂等产生的废物、废水、废气中都带有威胁动物健康的污染源，如果养鸭场离这些场所太近，也容易被污染。

（4）与交通干线保持较大距离：在交通干线上每天来往的车辆多，其中就有可能有来自疫区的车辆、运输畜（禽）的车辆以及其他动物产品的车辆。这些车辆在通行的时候，随时都有可能向所通过的地方释放病原体，对交通干线附近造成污染。从近年来家禽疫病流行的情况看，与交通干线相距较近的地方也是疫病发生比较多的地方。

（5）与外来人员、车辆、物品的隔离：来自本场以外的人员、物品和车辆都有可能是病原体的携带者，也都可能会给本场的安全造成威胁。生产上，外来人员和车辆是不允许进入养鸭场的，如果确实必须进入，则必须经过更衣、淋浴、消毒，才能从特定的通道进入特定的区域。外来的物品一般只在生活和办公区使用，需要进入生产区的也必须进行消毒处理。其中，从场外运进来的袋装饲料在进入生产区之前，有条件的也要对外包装进行消毒处理。

4. 场区内的隔离

（1）饲养人员与非直接饲养人员的隔离：饲养人员是指直接从事鸭饲养管理的人员，一般包括饲养员、人工授精人员和生产区内的卫生工作人员。非直接饲养人员则指鸭场内的行政管理人员、财务人员、司机、门卫、炊事员和购销人员等。

非直接饲养人员与外界的联系较多，接触病原的机会也较多，因此，减少他们与饲养人员的接触也是减少外来病原进入生产区的重要措施。

（2）不同生产小区之间的隔离：在规模化养鸭场会有多个生产小区，不同小区内饲养不同类型的鸭（主要是不同生理生长

阶段或性质的鸭)，而不同生理阶段的鸭对疫病的抵抗力、平时的免疫接种内容、不同疫病的易感性、粪便和污水的产生量都有差异，因此，需要做好相互之间的隔离管理。

养殖小区之间的隔离，首先要求每个养殖小区之间的距离不少于30米。在隔离带内可以设置隔离墙或绿化隔离带，以阻挡不同养殖小区人员的相互来往。每个养殖小区的门口都要设置消毒池等消毒设施，以便于出入该小区的人员、车辆与物品的消毒。

(3) 饲养人员之间的隔离：在鸭场内不同鸭舍的饲养人员不应该相互来往，因为不同鸭舍内鸭的周龄、免疫接种状态、健康状况、生产性质等都可能存在差异，饲养人员的频繁来往会造成不同鸭舍内疫病相互传播的危险。

(4) 不同鸭舍之间物品的隔离：与不同鸭舍饲养人员不能相互来往的要求一样，不同鸭舍内的物品也会带来疫病相互传播的潜在威胁。要求各个鸭舍饲养管理物品必须固定，各自配套。公用的物品在进入其他鸭舍前必须进行消毒处理。

(5) 场区内各鸭舍之间的隔离：在一般的养鸭场内部可能会同时饲养有不同类型或年龄阶段的鸭。尽管在养鸭场规划设计的时候进行了分区设计，使相同类型的鸭集中饲养在一个区域内，但是它们之间还存在相互影响的可能。例如，鸭舍在使用过程中由于通风换气，舍内的污浊空气（含有有害气体、粉尘、病原微生物等）向舍外排放，若各鸭舍之间的距离较小，则从一栋鸭舍内排放出的污浊空气就会进入到相邻的鸭舍，造成舍内鸭被感染。

(6) 严格控制其他昆虫和动物的滋生：鸟雀、昆虫和啮齿类动物在鸭场内的生活密度是外界的3~10倍，它们不仅是疾病传播的重要媒介，而且会使平时的消毒效果显著降低。同时，这些动物还会干扰鸭的休息，造成惊群，甚至吸食鸭的血液。因此，控制这些昆虫和动物的滋生是控制鸭病的重要措施之一。

预防飞鸟进入鸭舍的主要措施包括：把屋檐下的空隙堵严实、门窗外面加罩金属网。预防蚊蝇的主要措施是：减少场区内外的积水，粪便要集中堆积发酵；下水道、粪便和污水要定期清理消毒，喷洒杀灭蚊蝇的药剂；减少粪便的含水率等。老鼠等啮齿类动物的控制则主要靠堵塞鸭舍外围结构上的空隙，定期定点放置老鼠药等。

二、严格隔离制度

（1）选址必须远离动物生产、屠宰、经营，动物产品加工、经营场所，符合政府有关部门的总体规划和布局要求；其建筑布局、设施设备、用具符合动物防疫要求。

（2）隔离场的出入口有消毒设施、设备。

（3）有车辆、圈舍等器具场所的清洗消毒设施、设备。

（4）有隔离动物的排泄物等污水、污物及病死动物无害化处理的设施、设备。

（5）饲养、诊疗人员无人畜共患病，持有“个人健康证明”。

（6）防疫制度健全。

第三节　杀虫与灭鼠

鸭场进行杀虫、灭鼠以消灭传染媒介和传染源，也是防疫的一个重要内容。鸭舍附近的垃圾、污水沟、乱草堆，常是昆虫、老鼠滋生的场所，因此要经常清除垃圾、杂物和乱草堆，搞好鸭舍外的环境卫生，对预防某些疫病具有十分重要的实际意义。

一、杀虫

某些节肢动物如蚊、蝇、虻等和体外寄生虫如螨、虱、蚤等生物，不但骚扰正常的鸭，影响生长和产蛋，而且携带病原体，直接或间接传播疾病，因此，要设法杀灭。

杀虫先做好灭蚊、蝇工作。保持鸭舍的良好通风，避免饮水器漏水，经常清除粪尿，减少蚊蝇繁殖的机会。

使用蝇毒磷（0.02%~0.05%）等杀虫药，每月在鸭舍内外和蚊、蝇滋生场所喷洒2次。黑光灯是一种专门用来灭蝇的装于特制的金属盒里的电光灯，灯光为紫色，苍蝇有趋向这种光的特性而向黑光灯飞扑，当它触及带有负电荷的金属网即被电击而死。

二、灭鼠

老鼠在藏匿条件好、食物充足的情况下，每年可产6~8窝幼仔，每窝4~8只，一年可以猛增几十倍，繁殖速度快得惊人。养鸭场的小环境适于鼠类生长，众多的管道孔穴为老鼠提供了躲藏和居住的条件，鸭的饲料又为它们提供了丰富的食物，因而一些对鼠类失于防范的鸭场，往往老鼠很多，危害严重。养鸭场的鼠害主要表现在四个方面：一是咬死咬伤鸭苗；二是偷吃饲料，咬坏设备；三是传播疾病，老鼠是鸭新城疫、球虫病、鸭慢性呼吸道病等许多疾病的传播者；四是侵扰鸭群，影响鸭的生长发育和产蛋，甚至引起应激反应使鸭死亡。

1. 建鸭场时要考虑防鼠设施 墙壁、地面、屋顶不要留有孔穴等鼠类可以隐蔽的处所，水管、电线、通风孔道的缝隙要塞严，门窗的边框要与周围接触严密，门的下缘最好用铁皮包裹，水沟口、换气孔要安装孔径小于3厘米的铁丝网。

2. 随时注意防止老鼠进入鸭舍 发现防鼠设施破损要及时

修理。鸭舍不要有杂物堆积。出入鸭舍要随手关门。在鸭舍外留出至少2米的开放地带，便于防鼠。因为老鼠一般不会穿越如此宽的空间，不能无限度地扩大两栋鸭舍间的植物绿化带，鸭舍周围不种植植被或只种植低矮的草，这样可以确保老鼠无处藏身。清除场区的草丛、垃圾，不给老鼠留有藏身条件。

3. 断绝老鼠的食源、水源　饲料要妥善保管，喂鸭抛撒的饲料要随时清理，切断老鼠的食源、水源。投饵灭鼠。

4. 灭鼠方法　灭鼠要采取综合措施，使用捕鼠夹、捕鼠笼、粘鼠胶等捕鼠方法，应用杀鼠剂灭鼠。

杀鼠剂可选用敌鼠钠盐、杀鼠灵等。敌鼠钠盐、杀鼠灵对鸭毒性较小，使用比较安全。毒饵要投放在老鼠出没的通道，长期投放效果较好。

敌鼠钠盐价格比较便宜，对鸭比较安全。老鼠中毒后行动比较困难，仍可继续取食，一般老鼠食用毒饵后三四天内安静地死去。敌鼠钠盐可溶于乙醇、沸水，配制0.025%毒饵时，先取0.5克敌鼠钠盐溶于适量的沸水中（水温不能低于80℃），溶解后加入0.01%糖精或2%~5%的糖，加入食用油效果更好，同时加入警戒色，再泡入1千克饵料（大米、小麦、玉米糁、红薯丝、胡萝卜丝、水果等均可）；而后搅拌均匀，阴干；过一段时间再搅拌，使饵料吸收药液，待药液全部吸收后晾干即成。毒饵现用现配效果更好，如上午投放毒饵，要在头一天下午拌制；下午投放毒饵，可在当天早晨拌制。

三、控制鸟类

鸟类与鼠类相似，不但偷食饲料，骚扰动物，还能传播大量疫病，如新城疫、禽流感等。控制鸟类对防制鸭传染病有重要意义。控制鸟类的主要措施是在圈舍的窗户、换气孔等处安装铁丝网或纱窗，以防止各种鸟类的侵入。

第四节　搞好药物预防

科学合理用药是防制传染病的有力补充。应用药物预防和治疗也是增强机体抵抗力和防制疾病的有效措施。尤其是对尚无有效疫苗可用或免疫效果不理想的细菌病，如沙门杆菌病、大肠杆菌病、浆膜炎等。

一、用药目的

1. 预防性投药　当鸭群存在以下应激因素时需预防性投药。

（1）环境应激：季节变换，环境突然变化，温度、湿度、通风、光照突然改变，有害气体超标等。

（2）管理应激：包括免疫、转群、换料、缺水、断电等。

（3）生理应激：雏鸭抗体空白期、开产期、产蛋高峰期等。

2. 条件性疾病的治疗　当鸭群因饲养管理不善发生条件性疾病时，如大肠杆菌病、沙门杆菌病、浆膜炎等，应及时有针对性投放敏感药物，使鸭群在最短时间内恢复健康。

3. 控制疾病的继发感染　任何疫病都是严重的应激危害因素，可诱发其他疾病同时发生。如鸭群发生病毒性疾病、寄生虫病、中毒性疾病等，易造成抵抗力下降，容易继发条件性疾病，此时通过预防性药物，可有效降低损失。

二、药物的使用原则

1. 预防为主，治疗为辅　要坚持预防为主的原则。制定科学的用药程序，搞好药物预防、驱虫等工作。有的传染病只能早期预防，不能治疗，要做到有计划、有目的地适时使用疫（菌）苗进行预防，及时搞好疫（菌）苗的免疫注射，搞好疫情监测。

尽量避免发病再用药，确保鸭健康安全、无药物残留。必要时可添加作用强、代谢快、毒副作用小、残留最低的非人用药品和添加剂，或以生物制剂作为治病的药品，控制疾病的发生、发展。

要坚持治疗为辅的原则。确需治疗时，在治疗过程中，要做到合理用药，科学用药，对症下药，适度用药，只能使用通过认证的兽药和饲料厂生产的产品，避免产生药物残留和中毒等不良反应。尽量使用高效、低毒、无公害、无残留的“绿色兽药”，不得滥用。

2. 确切诊断，正确掌握适应证　对于养鸭生产中出现的各种疾病要正确诊断，了解药理，及时治疗，对因对症下药，标本兼治。目前养鸭生产中的疾病多为混合感染，极少是单一疾病，因此用药时要合理联合用药，除了用主药，还要用辅药，既要对症，还要对因。

对那些不能及时确诊的疾病，用药时应谨慎。由于目前鸭病太多、太复杂，疾病的临床症状、病理变化越来越不典型，混合感染、继发感染增多，很多病原发生抗原漂移、抗原变异，病理材料无代表性，加上经验不足等原因，鸭群得病后不能及时确诊的现象比较普遍。这种情况下应尽量搞清是细菌性疾病、病毒性疾病、营养性疾病还是其他原因导致的疾病，只有这样才能在用药时不会出现较大偏差。在没有确诊时用药时间不宜过长，用药3~4天无效或效果不明显时，应尽快停（换）药进行确诊。

3. 适度剂量，疗程要足　剂量过小，达不到预防或治疗效果；剂量过大，造成浪费、成本增加、药物残留、中毒等；同一种药物不同的用药途径，其用药剂量也不同；同一种药物用于治疗的疾病不同，其用药剂量也不同。用药疗程一般3~5天，一些慢性疾病，疗程应不少于7天，以防复发。

4. 用药方式不同，给药方法不同　如拌料给药要采用逐级稀释法，以保证混合均匀，以免局部药物浓度过高而导致药物中

毒。同时注意交替用药或穿梭用药，以免使鸭产生耐药性。

5. 注意并发症，有混合感染时应联合用药 现代鸭病的发生多为混合感染，并发症比较多，在治疗时经常联合用药，一般使用两种或两种以上药物，以治疗多种疾病。如治疗鸭呼吸道疾病时，抗生素结合抗病毒的中药同时使用，效果更好。

6. 根据不同季节、日龄与发育特点合理用药 冬季防感冒、夏季防肠道疾病和热应激。夏季饮水量大，饮水给药时要适当降低用药浓度；而采食量小，拌料给药时要适当增加用药浓度。育雏期、育成期、产蛋期要区别对待，选用适宜不同时期的药物。

7. 接种疫苗期间慎用免疫抑制药物 在免疫期间，有些药物能抑制鸭的免疫效果，应慎用。如磺胺类、四环素类等。

8. 用药时辅助措施不可忽视 许多疾病是因管理不善造成的条件性疾病，如大肠杆菌病、寄生虫病、葡萄球菌病等，因此在用药的同时还应加强饲养管理，搞好日常消毒工作，保持良好的通风，适宜的密度、温度和光照，才能提高总体治疗疗效。

9. 根据养鸭生产的特点用药 禽类对磺胺类药的平均吸收率较其他动物要高，故不宜用量过大或时间过长，以免造成肾脏损伤。禽类缺乏味觉，故对苦味药、食盐颗粒等照食不误，易引起中毒。禽类有丰富的气囊，气雾用药效果更好。禽类无汗腺，用解热镇痛药抗热应激，效果不理想。

10. 对症下药的原则 不同的疾病用药不同，同一种疾病也不能长期使用同一种药物进行治疗，最好通过药敏试验有针对性地投药。

同时，要了解目前临床上的常用药和敏感药。目前常用药物有抗大肠杆菌、沙门杆菌药；抗病毒药；抗球虫药等，选择药物时，应根据疾病类型有针对性地使用。

三、常用的给药途径及注意事项

1. 拌料给药　给药时，可采用分级混合法，即把全部的用药量拌加到少量饲料中（俗称“药引子”），充分混匀后再拌加到计算所需的全部饲料中，最后把饲料来回翻倒最少 5 次，以达到充分混匀的目的。

拌料给药时，严禁将全部药量一次性加入到所需饲料中，以免造成混合不匀而导致鸭群中毒或部分鸭吃不到药物。

2. 饮水给药　选择可溶性较好的药物，按照所需剂量加入水中，搅拌均匀，让药物充分溶解后饮水。对不容易溶解的药物可采用适当加热或搅拌的方法，促进药物溶解。

饮水给药方法简便，适用于大多数药物，特别是能发挥药物在胃肠道内的作用；药效优于拌料给药。

3. 注射给药　分皮下注射和肌内注射两种方法。药物吸收快，血药浓度迅速升高，进入体内的药量准确，但容易造成组织损伤、疼痛、潜在并发症、不良反应出现迅速等，一般用于全身性感染疾病的治疗。

但应当注意，刺激性强的药物不能做皮下注射；药量多时可分点注射，注射后最好用手对注射部位轻度按摩；多采用腿部肌内注射，注射时要做到轻、稳，不宜太快，用力方向应与针头方向一致，勿将针头刺入大腿内侧，以免造成瘫痪或死亡。

4. 气雾给药　将药物溶于水中，并用专用的设备进行汽化，通过鸭的自然呼吸，使药物以气雾的形式进入体内。适用于呼吸道疾病给药，适合于急慢性呼吸道病等的治疗，对鸭舍环境条件要求较高。

因呼吸系统表面积大，血流量多，肺泡细胞结构较薄，故药物极易吸收，特别是可以直接进入其他给药途径不易到达的气囊。

四、推荐肉鸭的预防用药程序

1. 1~5 日龄

用药目的：加速胎粪及毒素的排泄，减少雏鸭因运输等造成的应激；净化禽沙门杆菌、禽大肠杆菌、禽亚利桑那菌、禽支原体等病原体造成的垂直传播，预防鸭病毒性肝炎、脐炎等，为育雏创造一个良好的开端。

推荐用药：黄芪多糖口服液、复合维生素、鸭病毒性肝炎冻干苗、高免血清或高免卵黄抗体、氟喹诺酮类、氟苯尼考、大观霉素+林可霉素等。

使用方法：首饮以选用黄芪多糖口服液、复合维生素等任何一种，混饮 1 次为宜。

（1）1~3 日龄：净化病原体，预防脐炎、鸭传染性浆膜炎、鸭副伤寒等。按药敏试验结果，以选用氟喹诺酮类、氟苯尼考、大观霉素+林可霉素等中的任何一种与黄芪多糖口服液联合饮水，连用 3 天为宜。

（2）2 日龄：鸭传染性肝炎疫苗免疫（无母源抗体或抗体水平很低的鸭群），2~3 倍量滴口（高发地区此时可不免疫，皮下注射高免血清或高免卵黄抗体，间隔 7 天重复 1 次）。

（3）5 日龄：鸭传染性肝炎疫苗免疫（母源抗体水平较高的鸭群），2 倍量口服。疫苗与黄芪多糖口服液（抗原保护剂）同用最佳。

2. 6~8 日龄

用药目的：预防鸭流感，减缓免疫应激，预防鸭传染性浆膜炎、鸭副伤寒等，避免鸭群在免疫断档期遭受危害。

推荐用药：鸭流感油苗、黄芪多糖口服液、半合成青霉素类、头孢菌素类、氟苯尼考、氟喹诺酮类等。

使用方法：按药敏试验结果，以从半合成青霉素类、头孢菌素类、氟苯尼考、氟喹诺酮类等中任选一种与黄芪多糖口服液联用，连用3天为宜。7日龄（免疫当日）宜选用鸭流感油苗，肌内注射，每只0.3~0.5毫升。

3. 11~13日龄

用药目的：预防禽大肠杆菌病、鸭传染性浆膜炎、鸭霉菌性肺炎等。

推荐用药：半合成青霉素类、头孢菌素类、氨基糖苷类、氟苯尼考、氟喹诺酮类、磺胺类、黄芪多糖口服液、硫酸铜等。

使用方法：按药敏试验结果，宜从半合成青霉素类、头孢菌素类、氨基糖苷类、氟苯尼考、氟喹诺酮类、磺胺类等中任选一种与黄芪多糖口服液联用，连用3天；同时饮用0.1%~0.3%硫酸铜溶液预防鸭霉菌性肺炎。

4. 14~16日龄

用药目的：预防鸭瘟、鸭支原体感染，减缓免疫应激反应。

推荐用药：鸭瘟疫苗、黄芪多糖口服液、大环内酯类、氟喹诺酮类等。

使用方法：免疫前1日、免疫当日、免疫后1日以选用大环内酯类、氟喹诺酮类等中的任何一种，与黄芪多糖口服液联用，连用3天为宜。15日（免疫当日）宜选用鸭瘟疫苗，肌内注射，每只0.3~0.5毫升。

5. 17~19日龄

预防目的：预防禽大肠杆菌病、鸭传染性浆膜炎、鸭坏死性肠炎等。

推荐用药：半合成青霉素类、头孢菌素类、氨基糖苷类+林可胺类、氟苯尼考、氟喹诺酮类、磺胺类、黄芪多糖口服液等。

使用方法：按药敏试验结果，从半合成青霉素类、头孢菌素类、氨基糖苷类+林可胺类、氟苯尼考、氟喹诺酮类、磺胺类等中任选一种，与黄芪多糖口服液联用，连用3天为宜。

6. 22~25 日龄

用药目的：保护或预防免疫空白期鸭群遭受病毒的侵害，提高免疫力，保肝护肾，使鸭群获得足够的保护力。

推荐用药：黄芪多糖口服液、中药抗病毒颗粒、干扰素、转移因子、清瘟败毒散、荆防败毒散、双黄连口服液、乌洛托品、柠檬酸钠+氯化钾等。

使用方法：从中药抗病毒颗粒、干扰素、转移因子、清瘟败毒散、荆防败毒散、双黄连口服液等中任选一种，与黄芪多糖口服液联用，连用 3~4 天为宜。选用乌洛托品、柠檬酸钠+氯化钾等任何一种，每晚饮用 3~5 小时，连用 3~4 天为宜。

7. 27~30 日龄

用药目的：预防鸭流感、鸭瘟以及鸭大肠杆菌病、禽霍乱与鸭传染性窦炎等混感。

推荐用药：中药抗病毒颗粒、干扰素、转移因子、清瘟败毒散、荆防败毒散、双黄连口服液、黄芪多糖口服液、氟喹诺酮类、新霉素+强力霉素、林可霉素+大观霉素等。

使用方法：从中药抗病毒颗粒、干扰素、转移因子、清瘟败毒散、荆防败毒散、双黄连口服液中任选一种，与氟喹诺酮类、新霉素+强力霉素、林可霉素+大观霉素等中的任何一种与黄芪多糖口服液联用，连用 3~4 天为宜。

8. 32 日龄到出栏

用药目的：严格饲养管理程序，加强兽医卫生防疫；提供充足营养，保肝护肾，维护肠道，催肥增重，提高出栏率。

推荐用药：黄芪多糖口服液、复合维生素、聚维酮碘、癸甲溴铵、二氯异氰尿酸钠、戊二醛、乌洛托品、柠檬酸钠+氯化钾、清瘟败毒散、荆防败毒散等。

使用方法：采用先进饲养技术，提供清洁、充足的饲料和饮水，强化环境卫生，严格日常管理程序。带鸭消毒要坚持 2~3

天1次，以选用癸甲溴铵、聚维酮碘、二氯异氰尿酸钠、戊二醛等成分的消毒药，两种交替使用为宜。饮水消毒以选用聚维酮碘、癸甲溴铵、二氯异氰尿酸钠等成分的消毒剂任一种为宜。清理水线以选用癸甲溴铵、二氯异氰尿酸钠等成分的消毒剂任一种为宜。保肝护肾，预防腹水选用乌洛托品、柠檬酸钠+氯化钾等成分的保肾药任一种与黄芪多糖口服液联用为宜。补充营养、预防应激宜选用复合维生素与黄芪多糖口服液联用为宜。保护肠道、预防肠炎，选用清瘟败毒散、荆防败毒散等任一种与黄芪多糖口服液联用为宜。

第五节　发生传染病时的紧急处置

传染病的一个显著特点是具有潜伏期，病程的发展有一个过程。由于鸭群中个体体质的不同，感染的时间也不同，临床症状表现得有早有晚，总是部分鸭先发病，然后才是全群发病。因此，饲养人员要勤于观察，一旦发现传染病或疑似传染病，需尽快进行紧急处理。

一、封锁、隔离和消毒

一旦发现疫情，应将病鸭或疑似病鸭立即隔离，指派专人管理，同时向养鸭场所有人员通报疫情，并要求所有非必需人员不得进入疫区和在疫区周围活动，严禁饲养员在隔离区和非隔离区之间来往，使疫情不致扩大，有利于将疫情限制在最小范围内就地消灭。

要尽快做出诊断，以便尽早采取治疗或控制措施。最好请兽医师到现场诊断，本场不能确诊时，应将刚死或濒死期的鸭，放在严密的容器中，立即送有关单位进行确诊。当确诊或怀疑为严

重疫情时，应立即向当地兽医部门报告，必要时采取封锁措施。

治疗期间，最好每天消毒一次。病鸭治愈或处理后，再经过一个该病的潜伏期的时限，并再进行一次全面的大消毒，之后才能解除隔离和封锁。

鸭场发生传染病后，病原数量大幅增加，疫病传播流行会更加迅速。为了控制疫病传播流行及危害，在隔离的同时，要立即采取消毒措施，对鸭场门口、道路、鸭舍门口、鸭舍内及所有用具都要彻底消毒，对垫草和粪便也要彻底消毒，对病死鸭要做无害化处理。一般消毒程序是：

(1) 用5%的氢氧化钠溶液，或10%的石灰乳溶液对养殖场的道路、鸭舍周围喷洒消毒，每天一次。

(2) 用15%漂白粉溶液、5%的氢氧化钠溶液等喷洒鸭舍地面、鸭栏，每天一次。带鸭消毒，用0.3%农家福、0.5%~1%的过氧乙酸溶液喷雾，每天一次。

(3) 对粪便、粪池、垫草及其他污物用化学或生物热法消毒。

(4) 出入人员脚踏消毒液，紫外线等照射消毒。消毒池内放入5%氢氧化钠溶液，每周更换1~2次。

(5) 其他用具、设备、车辆用15%漂白粉溶液、5%的氢氧化钠溶液等喷洒消毒。

(6) 疫情结束后，进行1~2次全面消毒。

二、紧急免疫接种

紧急免疫接种是指某些传染病暴发时，为了迅速控制和扑灭该病的流行，对疫区和受威胁区的家禽进行的应急性免疫接种。紧急免疫接种应根据疫苗或抗血清的性质、传染病发生及其流行特点进行合理的安排。

接种后能够迅速产生保护力的一些弱毒苗或高免血清，可以用于急性病的紧急接种，因为此类疫苗进入机体后往往经过3~5天便可产生免疫力，而高免血清则在注射后能够迅速分布于机体各部。

由于疫苗接种能够激发处于潜伏期感染的动物发病，且在操作过程中容易造成病原体在感染动物和健康动物之间的传播，因此为了提高免疫效果，在进行紧急免疫接种时应首先对动物群进行详细的临床检查和必要的实验室检验，以排除处于发病期和感染期的动物。

多年来的临床实践证明，在传染病暴发或流行的早期，紧急免疫接种可以迅速建立动物机体的特异性免疫，使其免遭相应疾病的侵害。但在紧急免疫时需要注意，必须在疾病流行的早期进行；尚未感染的动物既可使用疫苗，也可使用高免血清或其他抗体预防；但感染或发病动物则最好使用高免血清或其他抗体进行治疗；必须采取适当的防范措施，防止操作过程中由人员或器械造成的传染病蔓延和传播。

三、药物治疗

治疗的重点是病鸭和疑似病鸭，但对假定健康鸭的预防性治疗亦不能放松。治疗应在确诊的基础上尽早进行，这对及时消灭传染病、阻止其蔓延极为重要，否则会造成严重后果。

有条件时，在采用抗生素或化学药品治疗前，最好先进行药敏试验，选用抑菌效果最好的药物，并且首次剂量要大，这样效果较好。

也可利用中草药治疗。不少中草药对某些疫病具有相当好的疗效，而且不产生耐药性，无毒、副作用，现已在鸭病防制中占相当高的地位。

四、护理和辅助治疗

鸭在发病时，由于体温升高、精神呆滞、食欲降低、采食和饮水减少，造成病鸭摄入的蛋白质、糖类、维生素、矿物质水平等低于维持生命和抵御疾病所需的营养需要。因此，必要的护理和辅助治疗有利于疾病的转归。

（1）可通过适当提高舍温、勤在鸭舍内走动、勤搅拌料槽内饲料、改善饲料适口性等方面促进鸭群采食和饮水。

（2）依据实际情况，适当改善饲料中营养物质的含量或在饮水中添加额外的营养物质。如适当增加饲料中能量饲料（如玉米）和蛋白质饲料的比例，以弥补食欲降低所减少的摄入量；增加饲料中维生素 A、维生素 C 和维生素 E 的含量对于提高机体对大多数疾病的抵抗力均有促进作用；增加饲料维生素 K 对各种传染病引起的败血症和球虫病等引起的肠道出血都有极好的辅助治疗作用；另外在疾病期间鸭对核黄素的需求量可比正常时高 10 倍，对其他 B 族维生素（烟酸、泛酸、维生素 B_1、维生素 B_{12}）的需要量为正常的 2～3 倍。适当增加饲料中维生素或在饮水中添加一定量的速补-14 或其他多维电解质一类的添加剂极为必要。

第三章　鸭场的免疫

第一节　鸭场常用疫（菌）苗

一、疫苗的概念

疫（菌）苗是预防和控制传染病的一种重要工具，只有正确使用才能使机体产生足够的免疫力，从而达到抵御外来病原微生物的侵袭和致病作用的目的。就鸭用疫（菌）苗而言，在使用过程中必须了解下面有关常识。

疫（菌）苗仅用于健康鸭群的免疫预防，对已经感染发病的鸭，通常并没有治疗作用，而且紧急预防接种的免疫效果不能完全保证。

必须制定正确的免疫程序。由于鸭的品种、日龄、母源抗体水平和疫（菌）苗类型等因素不尽相同，使用疫（菌）苗前最好跟踪监测以掌握鸭群的抗体水平与动态，或者参照有关专家、厂家推荐的免疫程序，然后根据具体情况，会同有经验的兽医师制定免疫程序。

二、正确接种疫苗

（一）确保疫苗的质量

对所采购疫苗应确保有令人满意的效果，超过有效期或失效的疫苗不能使用。疫苗运送和保存过程中，要防止温度过高和直接暴晒。冻干活疫苗长期置于高温环境，可能成为普通死苗，影响免疫效果。一般冻干活疫苗保存在－15℃以下，保存期1～2年；0～4℃，保存期8个月，25℃保存期不超过15天。同时，冻干苗不可反复冻融，油乳剂疫苗应保存在4～8℃的环境下，不可冻结成油水分层。

（二）稀释疫苗要恰当

有些疫苗在稀释时需要使用专用的稀释液，不能用其他稀释液替代。对于无特殊要求的疫苗，可用灭菌生理盐水、蒸馏水或冷开水稀释。稀释液不得富含任何消毒剂及消毒离子，不得用富含氯离子的自来水，不得用污染病原微生物的井水直接稀释疫苗，应煮沸后充分冷却再用。

（三）合理组织接种时间

鸭疫苗的免疫接种时间是由传染病的流行和鸭群的实际抗体水平决定的。免疫接种前，首先要确定鸭群是健康的；同时应根据母源抗体状况断定首免日龄。因此，有条件的鸭场，最好能进行抗体水平的监测。

（四）防止疫苗之间相互影响

鸭一生中要接种多种疫苗，几种疫苗一起运用，或接种时间相近时，有时会发生干扰现象，要注意尽量避免。一般不要多种疫苗同时接种，也不能多种疫苗随便混用，以免产生疫苗间的相互干扰或失去免疫作用。一般初免时要用毒力弱的疫苗，二免、三免时可用毒力较强的疫苗。

（五）慎用药物

在免疫的前后2天不要用消毒药、抗生素或抗病毒药，否则会杀死活疫苗，破坏灭活疫苗的抗原性。另外，某些抗生素药物会影响机体淋巴细胞免疫功用，因而免疫前后要谨慎用药。

（六）减轻免疫应激

接种疫（菌）苗后要加强对鸭群的饲养管理，减少应激因素对鸭的影响。在接种疫苗前后1周内，不要组织转群，不要断水。保持舍内温、湿度适宜，空气新鲜、环境安静，将有利于抗体的发生。

为防止和减轻免疫反应，免疫期间可添加一些抗应激药物，如水溶性多维等。

三、鸭场常用疫（菌）苗及使用方法

1. 鸭瘟鸡胚化弱毒疫苗 本疫苗为白色或粉红色疏松固体，用来预防鸭瘟。保存于-15℃冰柜中，有效期为1.5年；保存于4~10℃冰箱中，有效期为8个月。用于预防鸭瘟病，适用于2月龄以上的鸭。可按疫苗签的剂量，加入生理盐水稀释成200倍液，每只鸭肌内注射1毫升，3~4天产生免疫力，免疫期为9个月。对1周龄以内的雏鸭免疫，稀释50倍，每只鸭肌内注射0.25毫升，免疫期为1个月。

2. 鸭瘟-鸭病毒性肝炎二联弱毒疫苗 本疫苗可以打1针，同时预防鸭瘟和鸭病毒性肝炎，适用于1月龄以上的鸭。第1次注射疫苗后，鸭瘟免疫9个月，鸭病毒性肝炎免疫5个月。第2次注射疫苗后，鸭瘟和鸭病毒性肝炎的免疫期均将达到9个月。在使用本疫苗时，可按瓶签注明的剂量50、100、250只份装，分别用稀释液50毫升、100毫升、250毫升稀释均匀，1月龄鸭胸部或腿部皮下注射1毫升，鸭产蛋前进行第2次免疫。疾病流行严重地区于55~60周龄时再免疫1次。本疫苗配有专门稀释

液，如没有稀释液则可用无菌生理盐水或无菌蒸馏水、冷开水等代替。本疫苗在-15℃以下，有效期为1.5年，0℃冻结状态下保存，有效期为1年；4~10℃保存有效期为6个月；10~15℃保存有效期为10天。

3. 鸭瘟-鸭病毒性肿头出血症二联弱毒苗　本疫苗可以打1针，同时预防鸭瘟和鸭病毒性肿头出血症，适用于各年龄阶段鸭，免疫期为5个月。在使用本疫苗时，按瓶签注明的剂量用稀释液稀释均匀，1~10日龄鸭于胸部、腿部皮下注射1个免疫剂量。种鸭产蛋前第2次免疫。疾病流行地区可于55~60周龄时再免疫1次。随疫苗配有专门稀释液，如没有该稀释液，则可用生理盐水或无菌蒸馏水等代替。本疫苗在-15℃以下保存，有效期为1.5年；0℃冻结状态下，有效期为1年；4~10℃保存，有效期为6个月；10~15℃保存，保存期为10天。

4. 鸭Ⅰ型肝炎病毒鸡胚化弱毒疫苗　本疫苗对产蛋前的种母鸭进行2次肌内注射免疫，间隔2周，每次注射1毫升，在免疫后至少4个月内所产的蛋，均有母源抗体传递给雏鸭，可以抵抗强毒的攻击。本疫苗也可用于无母源抗体的小雏鸭，采用肌内注射、滴鼻或饮水免疫，可获得良好的免疫效果。

5. 鸭病毒性肝炎二价（Ⅰa型+Ⅲ型）苗　本疫苗专门用于预防Ⅰa型和Ⅲ型鸭病毒性肝炎，适用于1月龄以上鸭。种鸭在产蛋前进行1次免疫注射，对下一代雏鸭的免疫保护为5个月。在使用本疫苗时，可按瓶签上标明的剂量100、250只份装，分别用稀释液100毫升、250毫升稀释均匀，1月龄以上鸭胸部、腿部皮下注射1毫升，种母鸭在产蛋前进行免疫。疾病流行地区可于50周龄左右时再加强免疫1次。如无专用稀释液，可用无菌生理盐水、蒸馏水或冷开水等代替。疫苗稀释后4小时内用完，隔夜无效。

6. 番鸭细小病毒活疫苗　本疫苗适用于未经免疫种番鸭的

后代雏番鸭的预防免疫接种。使用时按瓶签注明剂量稀释，给出壳后 48 小时内的雏番鸭，每只皮下注射 0.2 毫升。接种 7 天后产生免疫力。放置在-15℃以下保存，有效期为 18 个月。

7. 鸭病毒性肿头出血症油剂灭活苗 本疫苗为乳白色混悬液。1 月龄以下雏鸭预防时，可采用皮下注射 0.25 毫升，1 个月以上雏鸭预防时，皮下注射 0.5 毫升。4~8℃常温保存，有效期为 1 年。

8. 鸭腺病毒蜂胶复合佐剂灭活苗 本疫苗专门用于预防鸭腺病毒病。本品为淡绿色的混悬液，静置保存时底部有沉淀物。本疫苗产生免疫力时间快，免疫注射后 5~8 天可产生免疫力。在使用时，注意振荡均匀。种鸭在产蛋前 2~4 周龄皮下注射 0.5 毫升。在 10~25℃或常温下阴暗处保存，有效期为 1.5 年。

9. 禽霍乱氢氧化铝菌苗 本疫苗是预防禽霍乱的一种灭活苗，瓶装密封，菌苗量为 100 毫升，上层为黄褐色澄明液，下层为灰白色沉淀。使用前振荡均匀为混悬液，给 2 月龄以上鸭肌内注射每只 2 毫升，间隔 8~10 天后，还可再注射 1 次，免疫效果更好。菌苗于 2~15℃冰箱中保存，有效期为 1 年。

10. 鸭巴氏杆菌 A 苗 本疫苗为淡黄褐色悬液，静置时底部有沉淀，使用时应注意振荡均匀。疫苗用的免疫量，每只鸭皮下注射 2 毫升，如能分成 2 次注射，即每只鸭隔周分别皮下注射 1 毫升则效果更好。可采用 5~7 周龄左右免疫 1 次，产蛋前 2~4 周免疫 1 次，必要时可于产蛋后 4~5 个月再免疫 1 次。本疫苗在 10~25℃或常温下阴暗处保存，有效期为 2 年。

11. 禽霍乱弱毒菌苗 本疫苗为黄色疏松固体，用来预防禽霍乱。在使用疫苗时，要按瓶签上说明稀释成混悬液，给 2 月龄以上的鸭皮下注射，每只份为 5 亿活菌，接种后 3 天产生免疫力，免疫期为 3.5 个月。气雾免疫，可用 5%甘油蒸馏水，按瓶签剂量稀释成每只 1 毫升的免疫剂量，含 5 亿活菌，禽舍关闭门窗喷雾，喷

后 20~30 分钟再开窗通风，也可获得良好的免疫效果。

12. 禽霍乱油乳剂菌苗　本疫苗为乳白色油乳剂菌苗，用来预防禽霍乱。用于 2 月龄以上的鸭，颈部皮下或肌内注射 1 毫升，2 周后产生免疫力，免疫期可达 1 年。

13. 禽霍乱组织灭活苗　预防鸭霍乱。2 月龄以上鸭，每只肌内注射 2 毫升。免疫期 3 个月。放置在 4~20℃ 常温保存，勿冻结，保存期为 1 年。

14. 种鸭大肠杆菌疫苗　是一种灭能疫苗，静置保存时上清液清澈透明，底部有白色沉淀物。本疫苗用于后备种鸭及种鸭免疫。鸭免疫后 10~14 天产生免疫力，免疫期 4~6 个月。免疫注射后后备鸭无不良反应。免疫期间，种蛋的受精率高，种母鸭的产蛋率和种蛋的孵化率均将比感染本病的鸭提高 10%~40%，雏鸭成活率明显提高。在使用本疫苗时，应振荡均匀。免疫剂量为每只鸭皮下注射 11 毫升。一般采用 5 周龄左右免疫注射 1 次，产蛋前 2~4 周免疫 1 次，必要时可于产蛋后 4~5 个月再免疫 1 次。疫苗在 10~25℃ 或常温下阴暗处保存，有效期为 12 个月。

15. 鸭传染性浆膜炎-雏鸭大肠杆菌病多价蜂胶复合佐剂二联灭活苗　是预防小鸭传染性浆膜炎（鸭疫里默杆菌病）和雏鸭大肠杆菌败血症的专用苗。疫苗为淡绿色混悬液，静置保存时底部有沉淀物。产生免疫力时间快，注射后 5~8 天可产生免疫力。雏鸭注射疫苗后，可明显提高存活率。在使用疫苗时，要注意振荡均匀。7~8 日龄雏鸭，每只皮下注射 0.5 毫升。在本病流行严重地区，可于 17~18 日龄再注射 1 次。20 日龄或 1 月龄以上鸭，皮下注射 1 毫升。在 10~25℃ 或常温下阴暗处保存，有效期为 1.5 年。

16. 鸭传染性浆膜炎-雏鸭大肠杆菌病多价油乳剂二联灭活苗　本品为乳白色混悬液，免疫力持续时间长，雏鸭注射本疫苗可显著提高存活率。在使用本疫苗时，要振荡均匀。7~10 日龄雏鸭，每只皮下注射 0.25 毫升。在流行严重的地区，可于 17~

18 日龄再注射 1 次。该疫苗在 10 ~25℃或常温下，于阴暗处保存，有效期为 1.5 年。

17. 鸭传染性浆膜炎灭活苗 预防鸭传染性浆膜炎。雏鸭每只胸部肌内注射 0.2~0.3 毫升，用前充分摇匀。免疫期为 3~6 个月。放置在 8~25℃保存，勿冻结，有效期为 1 年。

四、疫苗接种的方法

鸭的疫苗接种方法有注射法、点眼滴鼻法、饮水法、刺种法、气雾法、涂擦法和拌料法等。

（一）注射法

注射法是将疫苗用注射器定量注射于皮下或肌肉内的免疫方法，灭活疫苗都用此免疫法，弱毒活疫苗也可用此方法。其优点是免疫量准确，缺点是费时费力，接种人员需要技术熟练。

注射法有颈部皮下注射法和肌内注射法两种。

1. 颈部皮下注射法 疫苗接种的部位在鸭的颈背的中下部。具体操作为用拇指和食指将颈背部皮肤捏并向上提起，使捏起的皮肤与颈骨形成一个三角形空囊，注射针头 45°角倾斜，沿颈线方向刺入皮肤和肌肉之间，注入疫苗。本法适用于接种弱毒活疫苗及灭活疫苗，如禽流感油乳剂灭活疫苗等。

2. 肌内注射法 疫苗接种的部位有胸肌、腿肌、翅膀根部肌肉。胸肌注射时，用短注射针头，沿胸肌斜向 45°角刺入并注射，不能垂直注射，也不能用长针头，以免刺穿胸部刺伤内脏，严重的还会致死。腿肌注射时，用短注射针头于大腿外侧的肌肉接种，因为大腿内侧神经、血管丰富，容易刺伤，注射不当易造成年鸭跛行甚至死亡。翅膀肩关节附近肌内注射时，用短注射针头，将鸭的翅膀外翻，露出翅膀肩关节附近的肌肉，将疫苗注入肌肉中，注意避开血管，不要进针太深，以免伤到骨头。该方法适用于接种弱毒活疫苗和灭活疫苗。

（二）点眼滴鼻法

疫苗接种部位为眼结膜和鼻孔，常用于幼鸭。用随疫苗配送的滴瓶装稀释好的疫苗，用手将幼鸭的头固定，食指将一鼻孔堵住，拇指将向上一侧的眼睑拨开，滴瓶的滴嘴离眼结膜或鼻孔0.3~0.5厘米，将疫苗垂直滴进禽的眼睛和鼻孔内，眼睛和鼻孔各1滴，滴眼时需看到疫苗散入眼内，滴鼻时需看到疫苗被吸进鼻孔内，才可以放下幼鸭。此方法的优点是，每只幼鸭接种的疫苗量准确，接种均匀。缺点是花费人力，且接种人员需要技术熟练。如鸭病毒性肝炎活疫苗即可用此法。

（三）饮水法

将疫苗溶于水中，让鸭在一定时间内将水喝完，饮水后获得免疫。具体操作是开启疫苗瓶盖露出中心胶塞，用无菌注射器抽取5毫升稀释液注入疫苗瓶中，摇动至溶解。按免疫鸭的数量计算好2小时的饮水量，准备好清洁的深井水或蒸馏水，加入0.1%~0.2%的脱脂奶粉，混匀，将稀释好的疫苗倒入，用清洁的玻璃棒搅拌混匀。将稀释好的疫苗快速加到各个干净干燥的饮水器中，使不少于2/3的鸭群能喝到疫苗稀释液。饮水免疫的优点是省时省力，应激小；缺点是由于每只鸭饮入的水量不同，所以免疫的疫苗量不一样，免疫效果可能参差不齐。

为提高免疫效果，饮水免疫时疫苗用量要加倍，最好第2天每只用0.3头份量再免疫一次。

（四）气雾免疫法

将疫苗按要求稀释后，用特制的高压喷雾器，使疫苗形成一定大小的雾化粒子，均匀地悬浮于空气中，随呼吸被吸入体内，从而达到免疫目的。该方法节省人力、节约疫苗，适用于大群体的免疫接种。本方法适用于新城疫Ⅱ系、Ⅳ系、Lasota系和传染性支气管炎疫苗。气雾免疫法分粗滴和细滴喷雾两种。粗滴气雾免疫要求雾粒直径为10~100微米，最好60微米左右，雾粒吸入后会停留在雏鸭的眼和鼻腔内，很少发生慢性呼吸道病。适用于幼鸭免疫。细滴气雾免疫的雾粒直径为5~22微米，雾粒一直保持悬浮状态，易为鸭吸入。由于雾粒细，既可刺激上呼吸道，也可深入肺的深部，产生局部免疫力，但刺激较大，易诱发呼吸道感染。喷雾时，操作者可距离鸭2~3米，喷头呈45°角位于鸭的头部上方1米左右实施喷雾，使雾滴刚好落在鸭的头部。

（五）拌料法

此法指将疫苗稀释后，用高压喷雾器喷于饲料表面，让鸭通过吃料获得免疫。本法适用于球虫疫苗的免疫，即把1 000只份的疫苗用500毫升清水稀释，搅拌均匀后装入清洁的高压喷雾器内，喷于饲料表面，只湿透饲料表面。把饲料均匀地撒在纸上或槽内让雏鸭自由采食。

第二节　免疫计划与免疫程序

当前，鸭疫病多发，控制难度加大。除了要严格实施生物安全措施外，免疫接种是十分有效的防控措施。

鸭的免疫接种是用人工的方法将有效的生物制品（疫苗、菌苗）引入鸭体内，从而激发机体产生特异性的抵抗力，使其对某一种病原微生物具有抵抗力，避免疫病的发生和流行。对于种鸭，不但可以预防其自身发病，而且还可以提高其后代雏鸭母源抗体水平，提高雏鸭的免疫力。由此可见，对鸭群有计划的免疫预防接种是预防和控制传染病（尤其是病毒性传染病）最为重要的手段。

一、免疫计划的制订与操作

制订免疫计划是为了接种工作能够有计划地顺利进行以及对

外交易时能提供真实的免疫证据，每个鸭场都应因地制宜，根据当地疫病流行情况，结合本场鸭群的健康状况、生产性能、母源抗体水平和疫苗种类、使用要求以及疫苗间的干扰作用等因素，制订出切实可行的适合于本场的免疫计划。在此基础上选择适宜的疫苗，并根据抗体监测结果及突发疾病对免疫计划进行必要的调整，提高免疫质量。

一般地，可根据免疫程序和鸭群的现状资料提前1周拟定免疫计划。免疫计划应该包括鸭群的种类、品种、数量、年龄、性别、接种日期、疫苗名称、疫苗数量、免疫途径、免疫器械的数量和所需人力等内容。

要重视免疫接种的具体操作，确保免疫质量。技术人员或场长必须亲临接种现场，密切监督接种方法及接种剂量，严格按照各类疫苗使用说明进行规范化操作。个体接种必须保证一只鸭不漏掉，每只鸭都能接受足够的疫苗量，产生可靠的免疫力，宁肯浪费部分疫苗，也绝不能有漏免鸭；注射针头最好一鸭一针头，坚决杜绝接种感染，以免影响抗体效价生成。群体接种省时省力，但必须保证免疫质量，饮水免疫的关键是保证在短时间内让每只鸭都确实地饮到足够的疫苗；气雾免疫技术要求严格，关键是要求气雾粒子直径在规定的范围内，使鸭周围形成一个局部雾化区。

此外，在发生传染病时，为了迅速控制和扑灭疾病的流行，需要对疫群、疫区和受威胁地区尚未发病的鸭进行临时应急性免疫接种，叫作紧急免疫接种。实践证明，在疫区对鸭瘟、禽霍乱等传染病使用疫（菌）苗进行紧急接种是切实可行的，对控制和扑灭传染病具有重要的作用。紧急接种除应用疫（菌）苗外，在某些鸭病上常应用高免血清或高免卵黄抗体进行被动免疫，而且能够立即生效，如雏鸭病毒性肝炎，应用高免血清或高免卵黄抗体，能迅速控制该病的流行，即使对于正在患病的雏鸭群使用也具有良好的疗效。在疫区或疫群应用疫苗做紧急接种时，必须对所有受到传染威胁的鸭群进行详细观察和检查，对正常无病的鸭进行紧急接种，而对病鸭和可能已受感染的潜伏期病鸭必须在严格消毒的情况下，立即隔离，进行观察或淘汰处理，不宜再接种疫苗。

二、免疫程序的制定

免疫程序是指根据一定地区或养殖场内不同传染病的流行状况及疫苗特性，为特定动物群制定的疫苗接种类型、次序、次数、途径及间隔时间。制定免疫程序通常应遵循的原则如下：

（一）免疫程序是由传染病的特征决定的

由于畜禽传染病在地区、时间和动物群中的分布特点及流行规律不同，它们对动物造成的危害程度也会随时发生变化，一定时期内兽医防疫工作的重点就有明显的差异，需要随时调整。有些传染病流行时具有持续时间长、危害程度大等特点，应制定长期的免疫防制对策。

（二）免疫程序是由疫苗的免疫学特性决定的

疫苗的种类、接种途径、产生免疫力需要的时间、免疫力的持续期等差异是影响免疫效果的重要因素，因此在制定免疫程序时要根据这些特性的变化进行充分的调查、分析和研究。

（三）免疫程序应具有相对的稳定性

如果没有其他因素的参与，某地区或养殖场在一定时期内动物传染病分布特征是相对稳定的。因此，若实践证明某一免疫程序的应用效果良好，则应尽量避免改变这一免疫程序。如果发现该免疫程序执行过程中仍有某些传染病流行，则应及时查明原因（疫苗、接种、时机或病原体变异等），并进行适当的调整。

三、免疫程序制定的方法和程序

目前仍没有一个能够适合所有地区或养禽场的标准免疫程序，不同地区或部门应根据传染病流行特点和生产实际情况，制定科学合理的免疫接种程序。某些地区或养禽场正在使用的程序，也可能存在某些防疫上的问题，需要进行不断地调整和改进。因此，了解和掌握免疫程序制定的步骤和方法具有非常重要的意义。

（一）掌握威胁本地区或养殖场传染病的种类及其分布特点

根据疫病监测和调查结果，分析该地区或养禽场内常见多发传染病的危害程度以及周围地区威胁性较大的传染病流行和分布特征，并根据动物的类别确定哪些传染病需要免疫或终生免疫，哪些传染病需要根据季节或日龄进行免疫防制。

（二）了解疫苗的免疫学特性

由于疫苗的种类、适用对象、保存、接种方法、使用剂量、接种后免疫力产生需要的时间、免疫保护效力及其持续期、最佳免疫接种时机及间隔时间等不同，在制定免疫程序前，应对这些特性进行充分的研究和分析。一般来说，弱毒疫苗接种后5~7天、灭活疫苗接种后2~3周可产生免疫力。

（三）充分利用免疫监测结果

由于年龄分布范围较广的传染病需要终生免疫，因此应根据定期测定的抗体消长规律确定首免日龄和加强免疫的时间。初次使用的免疫程序应定期测定免疫动物群的免疫水平，发现问题要及时进行调整并采取补救措施。新生动物的免疫接种应首先测定其母源抗体的消长规律，并根据其半衰期确定首次免疫接种的日龄，以防止高滴度的母源抗体对免疫力产生的干扰。

（四）根据传染病发病及流行特点决定是否进行疫苗接种、接种次数及时机

发生于某一季节或某一年龄段的传染病，可在流行季节到来

前2~4周进行免疫接种，接种的次数则由疫苗的特性和该病的危害程度决定。

总之，制定不同动物或不同传染病的免疫程序时，应充分考虑本地区常见多发或威胁大的传染病分布特点、疫苗类型及其免疫效能和母源抗体水平等因素，这样才能使免疫程序具有科学性和合理性。

四、不同类型的鸭常用免疫程序参考

（一）种鸭场免疫程序

1. 掌握有关免疫的基本知识 为了制定合理的免疫程序，应首先熟悉有关的免疫名词，如母源抗体、基础免疫、加强免疫、毒株等。其中，母源抗体是指雏鸭在孵化期从母体获取的各种抗体，雏鸭初期接种疫苗会被相同鸭病母源抗体中和；基础免疫是指鸭体的首次或最初几次疫苗接种所出现的免疫效果在没有达到较高抗体水平以前的免疫，大部分疫苗的基础免疫需要接种多次才能达到满意的免疫效果；各种疫苗接种后所产生的预防作用都有一定的期限，在基础免疫后一定的时间，为使鸭体继续维持牢固的免疫力，需要根据不同疫苗的免疫特性进行适时的再次接种，即所谓加强免疫；毒（苗）株则是从不同地区采集的病料在实验室条件下培养的病毒（细菌），一种疾病一般存在众多类型的毒（菌）株。

2. 调查鸭场所在地的疾病发生和流行情况 疾病的发生具有地域性，通过对鸭场周边地区疫病的调查了解，选择相应的疫苗对本地曾发生过或正在发生的疾病进行免疫，未曾在本地发生的疾病则不用免疫。用疫苗预防本地没有发生过的病，不仅意义不大，而且浪费人力、财力，严重者会人为地将病原引进本场，导致该疫病的暴发。但应将禽流感等不存在地域性或危害严重的烈性传染病无条件地纳入免疫程序。

3. 熟悉种鸭易患疫病的发病特点　熟悉种鸭主要疫病的发病日龄和流行季节，从而选择在合适日龄、疫病高发季节来临之前接种对应的疫苗，才能有效控制疫病。如鸭病毒性肝炎只发生于雏鸭阶段，尤其是10日龄左右最高发，故种鸭的鸭病毒性肝炎首免就要在雏鸭到场1日龄内进行。此外，疫病的发生有一定的季节性，如秋冬季易发病毒性疾病，夏季多发细菌性疾病。

4. 选择合适的疫苗类型　疫苗一般有活苗、死苗、单价苗、多价苗、联苗等多种类型，不同的疫苗，其免疫期与接种途径也不一样。种鸭场要根据实际需要选择合适的疫苗类型，如新建鸭场，幼龄鸭应选用灭活苗，预防选择联苗，而紧急接种使用单苗。另外，同一种鸭病由不同毒株所引起的，其抗原结构也不相同，必须选择免疫源性相同的疫苗接种。

5. 科学安排接种时间和间隔

（1）同时接种两种或多种疫苗常产生干扰现象，故两种病毒性活疫苗的接种时间至少间隔1周以上；免疫前后停止喷雾或饮水消毒，尤其是注射活菌苗前后禁用抗生素。

（2）在种鸭的一个生产周期内，某些疫苗需要多次免疫接种，这些疫苗的首次接种，应选择毒力较弱的活毒苗做启动免疫，以后再使用毒力稍强的或中等毒力的疫苗做补强免疫接种。

（3）制订免疫计划要结合本场的实际和工作安排，避开转群、开产、产蛋高峰等敏感时期，以防止加剧应激。

6. 考虑所饲养种鸭的品种特点　鸭的品种不同，对各种疾病的抵抗能力也不尽相同，由此对其免疫程序要有针对性。如樱桃谷种鸭易患的疾病主要是病毒性肝炎、鸭瘟和鸭霍乱，故樱桃谷种鸭养殖场（户）在制定免疫程序时要重点考虑这三种疾病的免疫问题，而其他鸭病则可根据当地疫情灵活安排。

7. 注意鸭体已有抗体水平的影响　种鸭体内已经存在的抗体会中和接种的疫苗，因此在种鸭体内抗体水平过高时接种，免疫效果往往不理想，甚至是反面的。种鸭体内抗体来源分为两类：一是先天所得，即通过亲代种鸭免疫遗传给后代的母源抗体；二是通过后天免疫产生的抗体。

母鸭开产前已强制接种某疫苗，则其产种蛋孵出的雏鸭体内就含有高浓度的母源抗体，若此时接种疫苗则削弱雏鸭体内的母源抗体，使雏鸭在接种后几天内形成免疫空白，增加疾病感染机会。故在购买雏鸭前，应先弄清种鸭的免疫情况，对于种鸭已免疫的疫苗，应推迟雏鸭该疫苗的接种时间。

后天免疫应选在种鸭抗体水平到达临界线时进行。抗体水平一般难以估计，有条件的种鸭场应通过监测确定抗体水平；不具备条件的，可通过疫苗的使用情况及该疫苗产生抗体的规律确定抗体水平。

樱桃谷肉种鸭参考免疫程序见表 3.1。

表 3.1　樱桃谷肉种鸭参考免疫程序

日龄	疫苗名称	疫苗用量	使用方法	备注
1 日龄	鸭病毒性肝炎疫苗或抗体	2 只份或 1 毫升	颈背部皮下注射	
7 日龄	浆膜炎+大肠杆菌二联苗	0.5 毫升/只	摇匀，颈部皮下注射	
12 日龄	禽流感单联油苗（H_5N_1）	0.5 毫升/只	摇匀，颈部皮下注射	
17 日龄	鸭瘟冻干苗 3 只份	0.5 毫升	肌内注射	生理盐水
25 日龄	禽流感单联油苗 H_5N_1	0.5 毫升/只 2 头只	摇匀，颈背部皮下注射	
40 日龄	鸭瘟冻干单联苗	1 毫升/只 4 只份	摇匀，肌内皮下注射	生理盐水
60 日龄	大肠杆菌+霍乱二联苗	0.5~1 毫升/只	摇匀，胸部肌内或颈背部皮下注射	

续表

日龄	疫苗名称	疫苗用量	使用方法	备注
70 日龄	禽流感二联苗 H_5N_9	1 毫升/只	摇匀，颈背部皮下注射	
130 日龄	减蛋综合症+副黏病毒二联蜂胶苗	1 毫升/羽	摇匀，胸部肌内或颈部皮下注射注射	
137 日龄	禽流感二联苗 H_5N_9	1~1.5 毫升/只	摇匀，颈背部皮下注射	
144 日龄	霍乱+大肠杆菌二联苗	1 毫升/只	摇匀，颈背部皮下注射	
151 日龄	禽流感二联苗（H_5N_9）	1~1.5 毫升/只	摇匀，颈背部皮下注射	
158 日龄	鸭瘟冻干苗	1 毫升/只、4 只份/只	摇匀，肌内注射	生理盐水

注：30 日龄和 120 日龄内外驱虫用打虫药驱虫一次。

（二）商品肉鸭场免疫程序

商品肉鸭场的免疫参考程序见表 3.2。

表 3.2　商品肉鸭的免疫参考程序

日龄	疫苗	接种方法	剂量	备注
1	副伤寒福尔马林菌苗	胸肌注射	0.5 毫升	10 天后重复 1 次
	鸭瘟-鸭病毒性肝炎二联弱毒疫苗	胸肌注射	1~2 个剂量	父母代没有进行正规接种或种蛋购于市场的接种；2 周和 4 周再各接种一次

续表

日龄	疫苗	接种方法	剂量	备注
1~3	鸭传染性浆膜炎(鸭疫巴氏杆菌病)-雏鸭大肠杆菌病多价蜂胶复合佐剂二联苗	皮下注射	0.5毫升	父母代没有进行正规接种或种蛋购于市场的接种
7~10		皮下注射	0.5毫升	父母代进行正规接种的在7~10日龄接种
21		皮下注射	0.5毫升	二次免疫
65左右	禽霍乱菌苗	皮下注射	0.5~1.0毫升	120日龄在接种一次

(三) 蛋鸭参考免疫程序

蛋鸭参考免疫程序见表3.3。

表3.3　蛋鸭参考免疫程序

日龄	疫苗	接种方法	剂量	备注
1~3	鸭病毒性肝炎	皮下或肌内注射	1只份	
5~7	鸭疫里杆菌苗	皮下或肌内注射	0.5~1毫升	根据需要选择使用
5~7	鸭大肠杆菌苗	皮下或肌内注射	0.5~1毫升	根据需要选择使用
10~15	禽流感油乳灭活苗	皮下注射	0.5毫升	
20	鸭瘟冻干苗	皮下或肌内注射	1只份	
35~40	禽流感油乳剂灭活苗	皮下注射	0.5~0.7毫升	
60~70	大肠杆菌油乳剂灭活苗	皮下注射	0.5~1毫升	根据需要选择使用

续表

日龄	疫苗	接种方法	剂量	备注
60~70	禽霍乱蜂胶佐剂灭活苗	皮下注射	0.5~1毫升	根据需要选择使用
70~80	鸭瘟冻干苗	肌内注射	1~2只份	
开产前	禽流感油乳剂灭活苗	皮下注射	1毫升	

第三节　免疫监测与免疫失败

一、免疫接种后的观察

疫苗和疫苗佐剂都属于异物，除了刺激机体免疫系统产生保护性免疫应答以外，或多或少地也会产生机体的某些病理反应，精神状态变差，接种部位出现轻微炎症，产蛋鸭的产蛋量下降等。反应强度随疫苗质量、接种剂量、接种途径以及机体状况而异，一般经过几个小时或1~2天会自行消失。活疫苗接种后还要在体内生长繁殖、扩大数量，具有一定的危险性。因此，在接种后1周内要密切观察鸭群反应，疫苗反应的具体表现和持续时间参看疫苗说明书，若反应较重或发生反应的鸭数量超过正常比例时，需查找原因，及时处理。

二、免疫监测

在养鸭生产中，长期对血清学监测是十分必要的，这对疫苗选择、疫苗免疫效果的考察、免疫计划的执行是非常有用的。通过血清学监测，可以准确掌握疫情动态，根据免疫抗体水平科学地进行综合免疫预防。在鸭群接种疫苗前后对抗体水平的监测十分必要，免疫后的抗体水平与疾病防御紧密相关。

（一）免疫监测的目的

接种疫苗是目前防御疫病传播的主要方法之一，但影响疫苗效果的因素是多方面的，如疫苗质量、接种方法、动物个体差异、免疫前已经感染某种疾病、免疫时间以及环境因素等均会对抗体产生重要影响。因此，在接种疫苗前对母源抗体的监测及接种后是否能产生抗体或合格的抗体水平的监测和评价就具有重要的临床意义和经济意义。

通过对抗体的监测可以做到：

1. 准确把握免疫时机 如在种鸭预防免疫工作中，最值得关注的就是强化免疫的接种时机问题。在两次免疫的间隔时间里，种鸭的抗体水平会随着时间逐渐下降，而在何种水平进行强化免疫是一个令人头疼的问题。因为在过高的抗体水平进行免疫，不仅浪费疫苗，增加了经济成本，而且过高的抗体水平还会中和疫苗，影响疫苗的免疫效果，导致免疫失败；但是在较低的抗体水平进行免疫，又会出现抗体保护真空期，威胁种鸭的健康。试验结果证明，在进行禽流感疫苗免疫时，如果免疫对象的群体抗体滴度过高会导致免疫后抗体水平出现明显下降，抗体上升速度和峰滴度都难以达到期望的水平；免疫时群体抗体滴度低的群体的免疫效果较好，过高的群体抗体滴度会中和疫苗中的免疫抗原，导致免疫效果不佳和免疫失败。为达到较好的免疫效果，应选择在群体抗体滴度较低时进行，但考虑到过低的抗体水平（<4log2）会影响到种鸭的群体安全，所以种鸭的禽流感强化免疫应选择在群体抗体滴度 4~5log2 时进行，这样取得的抗体效价会最好。

2. 及时了解免疫效果 应用本产品对疫苗免疫鸭群进行抗体检测，其 80%以上结果呈阳性，预示该鸭群平均抗体水平较高，处于保护状态。

3. 及时掌握免疫后抗体动态 实验证明，对鸭新城疫抗体的监测中，抗体滴度在4log2鸭群的保护率为50%左右，在4log2以上的保护率可达90%~100%；在4log2以下非免疫鸭群保护率约为9%，免疫过的鸭群约为43%，根据鸭群1%~3%比例抽样，抗体几何平均值达5~9log2，表明鸭群为免疫鸭群，且免疫效果甚佳。对种鸭要求新城疫抗体水平应在9log2最为理想，特别是5log2以下的鸭群要考虑加强免疫，使种鸭产生坚强的免疫抗体，才能保证种鸭群的健康发展，孵化出健壮的雏鸭；对普通成年鸭群抵抗强毒新城疫的攻击的抗体效价不应小于6log2。

5. 种蛋检疫 卵黄抗体水平一方面能实时反映种鸭群的抗体水平及疫苗免疫效果，另一方面能为子代雏鸭免疫程序的制定提供科学依据。因此建议，有条件的养鸭场，对外购种蛋应按0.2%的比率抽检进行抗体监测，掌握种蛋的质量，判断子代鸭群对哪些疾病具有保护能力以及有可能引发的疾病流行状况，防止引进野毒造成疾病流行。

（二）监测抽样

随机抽样，抽样率根据鸭群大小而定，一般10 000只以上鸭群按0.5%抽样，1 000~10 000只按1%抽样，1 000只以下不少于3%。

（三）监测方法

新城疫和禽流感均可运用血凝试验（HA）和血凝抑制试验（HI）监测，具体方法参照《新城疫诊断技术》（GB/T 16550—2008）和《高致病性禽流感诊断技术》（GB/T 18936—2003）。

三、免疫失败的原因与注意事项

（一）不规范的免疫程序

鸭有一定的生长规律，要按其免疫器官的生理发育特点制定规范的免疫程序，按鸭生长的规律和特点依次进行防疫接种。雏鸭要接种雏鸭易发病的疫苗，成年鸭要接种成年鸭易发病的疫苗，各个生长期疾病不宜完全一样的，需要接种时间也不一样。由于地区、养鸭品种的差异，各地的免疫程序也有差别，应尽量选择适宜本地区的免疫程序，按生长日期接种相应的疫苗。不按程序接种会干扰鸭体内的免疫系统，发生免疫功能紊乱而导致免疫失败。

有些养殖场户，自始至终使用一个固定的免疫程序，特别是在应用了几个饲养周期，自我感觉还不错的免疫程序，就一味地坚持使用。没有根据当地的流行病学情况和自己鸭场的实际情况，灵活调整并制定适合自己鸭场的免疫程序。

没有一个免疫程序是一成不变、一劳永逸的。制定自己鸭场合理的免疫程序，需要随时根据相应的情况加以调整。

（二）疫苗质量差

防疫效果的好坏，选择疫苗是关键环节。疫苗属生物制品，是微生物制剂，生产技术较高，要求条件比较苛刻，如果生产厂家不规范，生产的疫苗质量不合格，如病毒含量不足、操作环节中密封出现问题、冻干苗真空包装出现问题、辅助剂或填充剂有问题及保存的条件问题等都能造成疫苗的质量下降，接种了这种疫苗，必然会引起免疫失败。

还有些疫苗肉眼看上去就有不合格的现象，如疫苗瓶破碎或瓶上有裂纹，或内容物有异常的固形物，或块状疫苗萎缩变小或变成粉状等都是质量差的疫苗。

（三）疫苗运输和保存条件差

疫苗属于生物制品，运输和保存要求条件高，一般冻干苗都要冷冻在-15～-18℃，保存效价能维持到1年，随着温度上升保存时间缩短。现在使用的活菌疫苗，更需要冷冻条件运输。一般的油乳剂液体疫苗，需保存在常温20℃以下阴凉处，如果不经意在阳光下暴晒了，即便是1个小时，也会损伤里面的抗原因

子，质量就无法保证，就可能会造成免疫失败。

（四）选用疫苗的血清型不符

雏鸭接种种鸭疫苗，接种后会发现抗体滴度低或没有反应。另外，一个地区由于病的变异，会产生多个血清型，若流行的病毒血清型与接种疫苗的病毒血清型不符，产生的抗体效果差，免疫效果不理想。

（五）疫苗剂量不足

我们平时接种的疫苗剂量一般都是按整数计算，一瓶 1 000 只、2 000 只或 500 只、200 只，每一瓶疫苗都有规定的病毒数量，也就是相应的免疫量。按照规律，可以接种比标准数少一些的鸭，而不能比标准数多。实际生产中，某些养殖户忽视防疫的重要性，错误地认为稍多几只没有问题，导致接种数量超出整瓶规定数量，如 1 200 只、1 700 只等，结果接种疫苗后反而发病的数量增多了，这说明免疫接种量少而引起了免疫接种失败。

（六）疫苗过期

由于贪图便宜或者时间紧，购买疫苗时不仔细检查，疫苗过期，防疫接种时拿出来就用，结果鸭群用过疫苗不但不起免疫作用，还引发了传染病。

总之，疫苗是生物制品，选购要标准，运输保存要冷冻，接种防疫操作要认真仔细，才能防止免疫失败，保证养殖健康发展。

第四章　鸭病的诊断与给药方法

第一节　鸭病的诊断

与哺乳动物相比，水禽容易发生疾病，主要原因是：①肺脏小，连接分布于体内的气囊，一旦病原通过呼吸道进入肺脏，然后由气囊扩散，导致呼吸功能受损，血氧交换出现障碍。②胸腔和腹腔间没有横膈膜，病原体可以沿着呼吸道传遍整个体腔。③淋巴系统发育不完善，淋巴结数目较少，多是散在的淋巴组织，一旦局部发病，免疫系统不能有效地将感染限制在局部，导致很快出现全身性感染。④没有胎盘等屏障作用，病原体易从母体进入卵中形成垂直传播。产卵要经过泄殖腔，卵在产出、存放、孵化过程中容易受到微生物入侵。⑤水禽在活动过程中，水体系统受到粪便和分泌物污染，成为病原微生物的承

图 4.1　水禽活动的水体，有时成为病原微生物的载体

载物（图 4.1），可将感染扩大。

水禽发生疾病后，要及时进行诊断，采取治疗和预防措施来尽可能挽救动物生命和减少经济损失。

一、询问病史

兽医也需要问诊，即通过向畜主询问发病情况，收集有用资料，对疾病做一个大致判断，为下一步诊断指明方向。有经验的兽医甚至通过畜主叙述，几乎就可以确诊。问诊了解的过程应在互相信任的气氛中，如聊天一样轻松地交流，才能得到第一手真实材料。

1. 问鸭场概况　养鸭场的历史，饲养的种类，饲养量和上市量，经济效益，工作人员文化程度和来源等。鸭场的地理位置，周围环境，附近是否还有鸭场等。

2. 问场内布局　鸭场内各种建筑物的布局是否合理，员工宿舍、育雏区、种禽区、孵化房、对外部门位置及彼此间的距离。鸭舍的长度、跨度、高度，所用材料及建筑结构；开放式或是密闭式，如何通风、保温和降温；舍内的卫生状况如何，不同季节舍内的温度、湿度如何；采用何种照明方式，是否有运动场等。

3. 问饲养方式　地面平养还是离地网养或笼养，还是以放牧为主；牧地是否放养过有病的禽群，是否施用过农药等。平养的垫料是否潮湿，采用哪种饲槽和饮水器，如何供料、供水，粪便和垫料如何清理等。饲料是自配还是从厂家购买，其质量如何，是粉料还是谷粒料或颗粒料，干喂还是湿喂；自由采食还是定时供应，是否有限饲，饲料是否有霉变结块等。饮水来源和卫生标准，水源是否充足，是否缺水、断水。

4. 问孵化育雏　孵化房的位置，孵化房内温度和湿度是否恒定，幼雏合格率怎样，育雏是采用多层笼养还是单层平养，是

地下保温还是地上保温，热源是电还是煤气、煤、柴或炭；种苗来源、运输过程是否有失误，何时开始饮水和开食，何时断喙。

5. 问每日管理 鸭群每日的生产记录，包括饮水量、食料量、死亡数和淘汰数，1月龄的育成率；平均体重、肉料比，蛋鸭或后备鸭的育成率、体重，均匀度及与标准曲线的比较，母鸭开产周龄，产蛋率、蛋重及与标准曲线的比较等。

6. 问鸭场病史 曾经发生过什么疾病，由何部门做过何种诊断，采取过什么防制措施，效果如何，本次发病鸭的种类，群数，主要症状及病理变化，做过何种诊断和治疗，效果如何。

7. 问免疫接种 按计划应接种的疫苗种类和时间，实际完成情况，是否有漏免疫；疫苗的来源、厂家、批号，有效期及外观质量如何，免疫效果如何，是否进行免疫监测，有什么原因可以引起免疫失败等。

8. 问使用药物情况 本场曾经使用过何种药物、剂量和用药时间，是逐只喂药还是群体投药，是经饮水、饲料还是注射给药，用药效果如何，过去是否曾经使用过类似药物，使用该种药物时，鸭群是否有不正常的反应。

二、观察个体

对鸭病，尤其是重大疫病的诊断，最好到生产现场对大群进行临床检查。如仅仅从送检人员的介绍和对送检病死鸭的检测做出诊断，有时候可能会误诊，因为送检人员介绍病死鸭的症状和病变不一定准确和全面，而送检的病死鸭不一定有代表性。对鸭群的临床检查包括群体检查和个体检查。

对个体有两种检查方式，一种是对一定数量的病鸭逐只进行检查，另一种是随机拦截一小群逐只进行检查，分别记录检查结果，然后做统计，看看某种症状病鸭的总数和所占的比例，这对疾病的初步诊断很有好处。个体检查包括以下几个方面：

1. 体温的检查　病毒和细菌入侵的第一个症状是发热，动物不能诉说，若不表现严重症状，饲养人员不会发现，而对发热忽视。用手掌抓住两腿或插入两翼下（图 4.2），感觉体温是否异常，然后将体温计插入肛门内，停留 10 分钟，读取体温值。兽医应该对不同品种和性别鸭的正常体温范围牢记于心，而对发热有准确的判断。

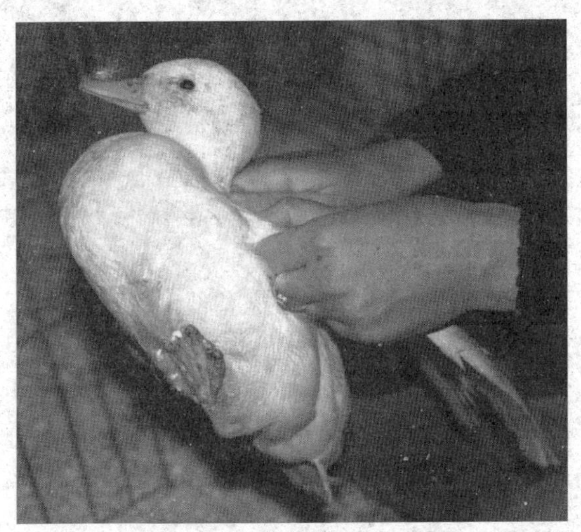

图 4.2　保定病鸭，进行个体检查

2. 皮肤检查　皮肤是鸭最大的器官，也是防御微生物入侵的第一道防线，全身和皮肤局部血液循环的状态往往会在皮肤表面颜色表现出来，因此检查个体首先观察其皮肤有无异常。

皮肤的弹性、颜色是否正常，是否有蓝紫色或红色斑块，是否有脓肿、坏疽、气肿、水肿、斑疹、水疱等，有无结节或蜱、虱等寄生虫，趾部皮肤鳞片是否有裂缝等（图 4.3）。

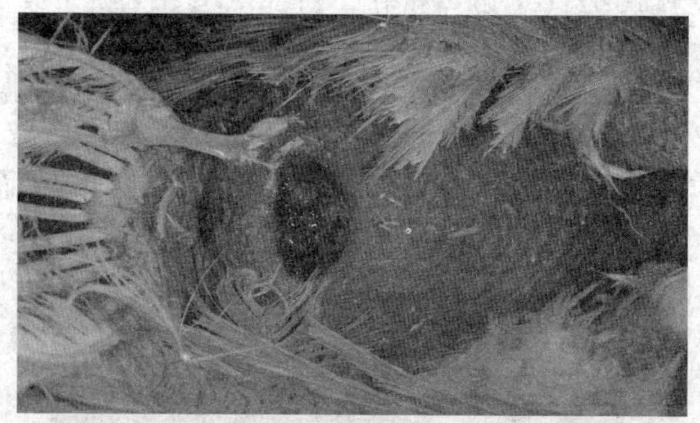
图 4.3　腹部皮肤充血，肛门发生炎症

3. 眼结膜、鼻孔和泄殖腔检查　眼结膜、鼻孔和泄殖腔是与外界直接相接处的部位，是外界病原入侵的门户，在不进行剖检时，局部和全身性的感染往往在这些部位有所表现。

眼结膜是否苍白、潮红或黄色，眼结膜下有无干酪样物，眼球是否正常；用手指压挤鼻孔，有无黏液或脓性分泌物；用手指触摸嗉囊内容物是否过分饱满充实，是否有过多的水分或气体；翻开泄殖腔注意有无充血、出血、水肿、坏死，或内膜附着等。

三、巡视大群进行群体检查

群体检查可以帮助养殖者收集很多有用信息（图 4.4）。其主要内容有：

一看精神反应。在进入鸭舍后，可以轻轻地敲击铁桶等小物品，此时如全群精神状态良好，则所有鸭只会停止采食、饮水和走动，凝视片刻。而病鸭则对声响毫无反应，闭目昏睡（图 4.5）。看看有无反应和反应迟钝的病鸭占多少比例；有无神经功能不正常的病鸭，例如：全身发抖，头颈扭曲，盲目前冲或后退，转圈运动，高度兴奋，不停走动，跛行，麻痹瘫痪，呆立昏

睡，卧地不起等，可以粗略了解疾病的严重程度。

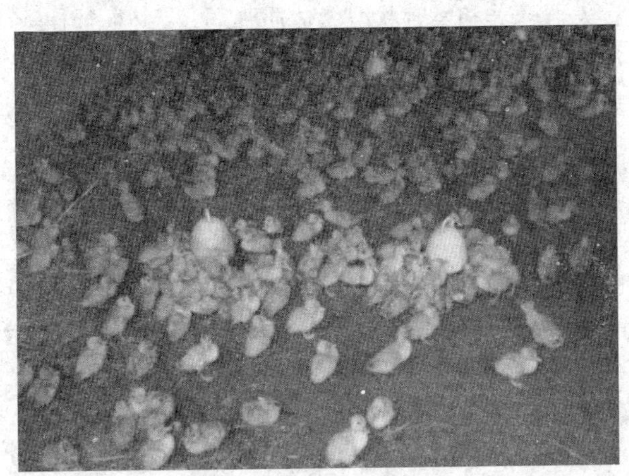

图 4.4　群体检查收集更多信息

图 4.5　精神委顿，伏卧不起

二看采食状态。健康鸭只在添加饲料时都会拥挤到食槽边争食饲料，而病鸭对饲料毫无兴趣，呆立不动或先啄食一下，停很久再啄食一下。

三看大群营养和发育状况。体质强弱、大小均匀度；鸭喙是否长有水疱、痘痂或变形；羽毛的颜色、光泽、丰满整洁度，是否有过多的羽毛折断或脱落，是否有局部或全身的脱毛或无毛，肛门附近羽毛是否有污染等。

四看眼、鼻是否有分泌物。分泌物是浆液性还是脓性；是否有眼结膜水肿，上下眼睑粘连，脸面肿胀；有无咳嗽、异常呼吸音、张口伸颈呼吸和怪叫声、浅频呼吸、深慢呼吸；口角有无黏液、血液和过多饲料黏附。

五看食料量和饮水量如何。嗉囊是否异常饱胀，排粪动作是否过频或困难，粪便呈圆条状还是稀软成堆，或呈水样，粪便中是否有饲料颗粒、黏液、血液（图 4.6），颜色为灰褐色、硫黄色、棕褐色、灰白色、黄绿色还是红色，是否有异常臭味。

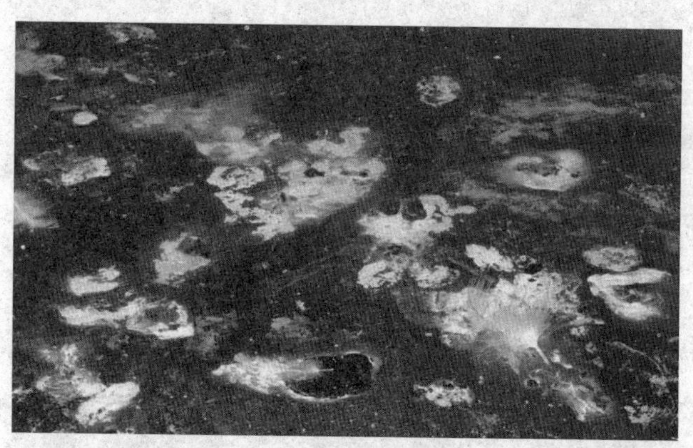

图 4.6　粪便中带血

六看群发病数和死亡数。死亡时间多是在下午、夜间还是全日均匀，从发病到死亡的时间为几小时或毫无前兆性的突然死亡等。

四、进行剖检

当通过大群和个体检查以后，对疾病的大致方向有了判定，条件允许情况下一定要做剖检检查。鸭个体较小，单只经济价值较低，兽医可以通过剖检将问诊、个体检查和初步判断结合起来形成对该病的整体印象。剖检病死鸭最好在剖检室内进行（图4.7）。

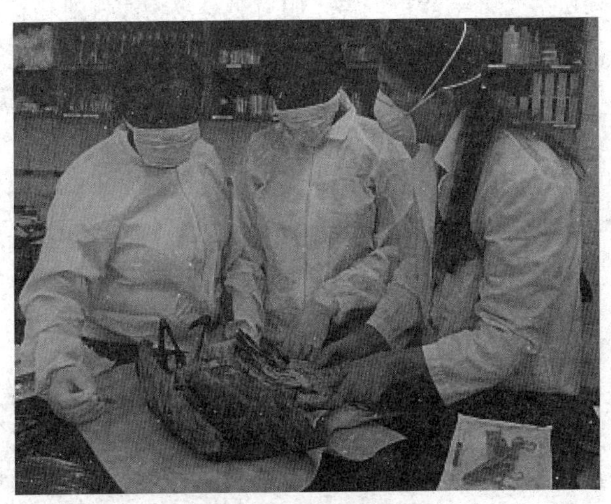

图4.7　剖检病死鸭最好在剖检室内进行

（一）剖检数量

为了诊断的准确性，病理解剖应该有一定数量，一般应剖5~10只病死鸭，必要时也可以选择处于不同病程的病鸭进行剖检，然后对病理变化进行统计、分析和比较。

（二）剖检准备

（1）场地：为防止扩散病原，应该在专门的剖检室剖检；如果没有剖检室，应该寻找远离生产区的下风头处，在地面上铺上塑料布进行剖检。

（2）器械：手术剪、普通剪、手术刀、镊子。如果要取病料还要准备自封袋、冰袋、标本瓶、10%福尔马林固定液和保温盒等。消毒药水如84消毒液。

（3）人员：做好个人防护，准确下刀，有目的地剖检。由助手做好拍照和文字记录，积累临床资料。

（三）体表检查

在未剖开死鸭前先检查其外观，羽毛是否整齐；肉髯和面部是否有痘斑或者皮疹；口、鼻、眼有无分泌物或排泄物；泄殖腔是否有粪污水或被白色粪便所阻塞；脚部皮肤是否粗糙、有裂缝或石灰样附着，脚底是否有趾瘤。继而将备检鸭放在搪瓷盘上，此时应注意腹部皮下的颜色，维生素E和硒缺乏时皮下呈蓝紫色，死亡已久引起尸绿时，腹部皮肤呈绿色，应注意区别。

（四）剖检顺序与观察内容

先用消毒药水将羽毛浸湿，将腹壁连接两侧腿部的皮肤剪开，用力将两大腿向外翻转，直至髋关节脱臼，尸体即可平稳地放在搪瓷盘上。用剪刀分别沿上述腹部的两侧切线继续向前剪至胸部，另在泄殖腔腹侧做一横的切口，使与腹部两侧切线相连接，用手在泄殖孔腹侧切口处将皮肤拉起，用力向上向前拉起，使胸腹部皮肤与肌肉完全分离。此时可检查皮下、

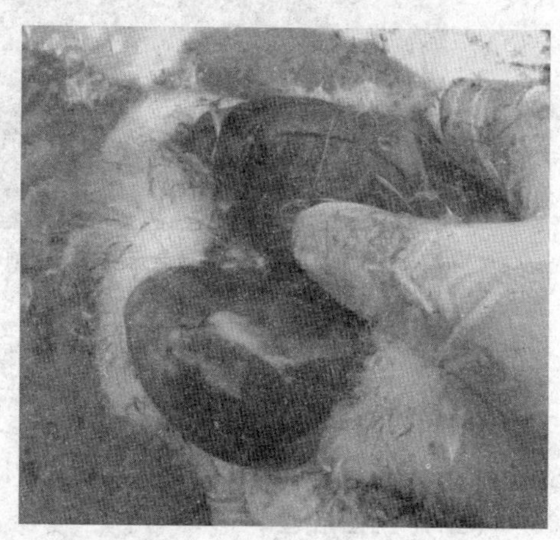

图4.8　鸭瘟腿肌出血

肌肉是否有出血（图 4.8），胸部肌肉的黏度、肌纤维颜色，是否有出血点或坏死斑点等。

在泄殖腔腹侧将腹壁横向剪开，再沿肋软骨交界处向前剪开，然后一只手压住鸭腿，另一只手握住龙骨后缘向上拉，使整个胸骨向前翻转，露出胸腔和腹腔。此时应先看气囊黏膜有无混浊、增厚或被覆渗出物等，其次注意胸腹腔内液体是否增多，体腔内的器官表面是否有干酪样或胶冻样渗出物等。

继而剪开心包膜，注意心包囊是否混浊或有纤维素性渗出物黏附，心包液是否增多，心包囊与心外膜是否粘连等；随后顺次将心脏、肝摘出，将腺胃和肌胃、胰、脾及肠管一起摘出，再取出肺和肾脏，然后对上述器官逐一进行仔细检查。

再用剪刀将下颌骨剪开并向下剪开食道和嗉囊，另将喉头、气管、气管叉和支气管剪开检查。最后剪开头皮，取出颅顶骨，小心取下大脑和小脑检查。

（五）病理组织学检查

对一些需要做病理组织学检查的病例，可从上述各器官中剪取小块病料（图 4.9）待检，取材的刀剪要锋利，用镊子固定组织器官的一角，用剪刀剪下一小块，浸入固定液中固定，最常用的组织固定液是 10%的福尔马林，然后按需要做切片、染色和镜检（图 4.10）。通过制作切片从微观上对肉眼看到的病理变化进行确定，这对于兽

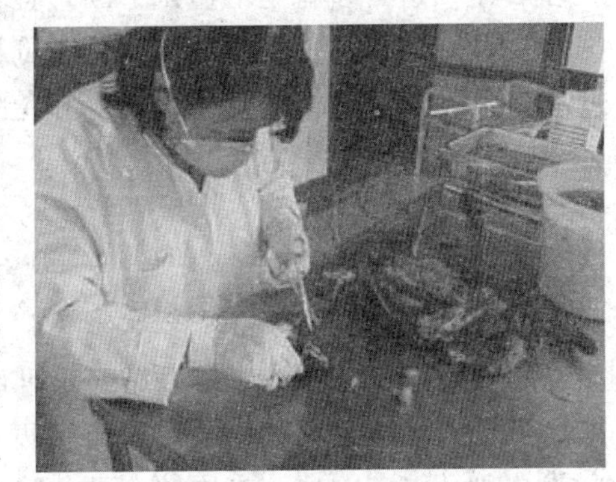

图 4.9　采取病料

医个人业务水平提高也是至关重要的过程。

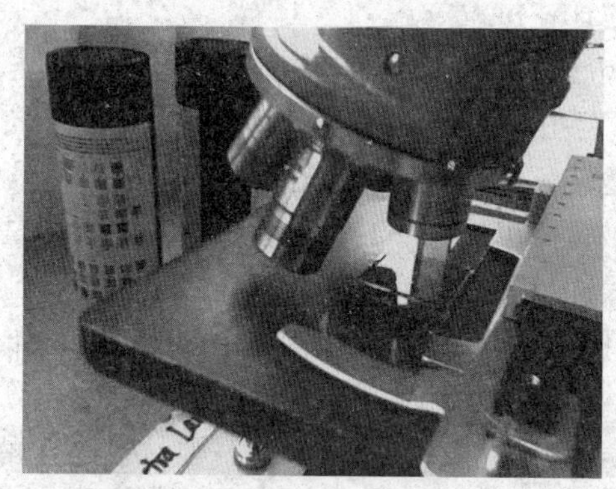

图 4.10　制成切片后镜检

一些常见病理变化提示可能发生的疾病，在进行病理剖检时，既要不断将已发现的病理变化与可能有这一病理变化的疾病联系起来，还要不断地将病理变化与上述已经观察到的主要临床症状联系起来，然后对几种类似的疾病反复进行肯定、否定、进一步否定、进一步肯定的鉴别诊断过程，使疾病初步诊断结果越来越明朗。若通过大群、个体和病理剖检以后，对该病还要进一步确证和甄别，就需要从生化指标和免疫学方面进行更精确的诊断。

五、实验室诊断

（一）微生物学与药敏诊断

在对疾病的微生物学诊断中，最准确和最重要的是病原学诊断，看能否从病、死鸭中分离到与疾病有关的病原微生物，例如病毒、细菌、支原体、衣原体、真菌等。主要诊断步骤包括病料的采集、保存和送检，病料涂片镜检，病原的分离与培养，对已分离病原体的毒力和生物学特性的鉴定等。值得注意的是，在鸭

群中经常存在着一些疫苗毒株或与疾病无关的寄居性微生物，在病原分离时应注意进行鉴别。为了选择合适的抗生素，可以进行药敏试验，通过观察抑菌圈的大小来评估细菌对该种抗生素的敏感性，进行敏感药物的筛选（图4.11）。

图4.11　药敏试验

（二）血清学与分子生物学诊断

检测病禽体内的病原和相应抗体的存在，血清学诊断已经是成熟的方法，这种方法因多用血清作为检测对象，故称为血清学诊断。常用的血清学诊断方法包括血凝实验（HA）、血凝抑制试验（HI）、琼脂扩散试验（AGP）（图4.12）、中和试验（NT）、补体结合试验（CF）、酶联免疫试验（ELISA）、免疫荧光抗体技术（IF）以及免疫放射技术（IRA）等。常用的分子生物学方法有聚合酶联反应（通常称为PCR）可以特异性对病原体的DNA扩增后进行检测。

由于大多数鸭群已经接种了某些疫苗，如用已知抗原检测备检鸭血清时，应注意分辨血清学的阳性反应是由疫苗还是由野外病原微生物引起的。另外，由于鸭群中存在着一些疫苗株病原体或与疾病无关的微生物，如用已知的血清检测备检鸭的病原体时，也应注意区分真正的病原体或与疾病无关的微生物。

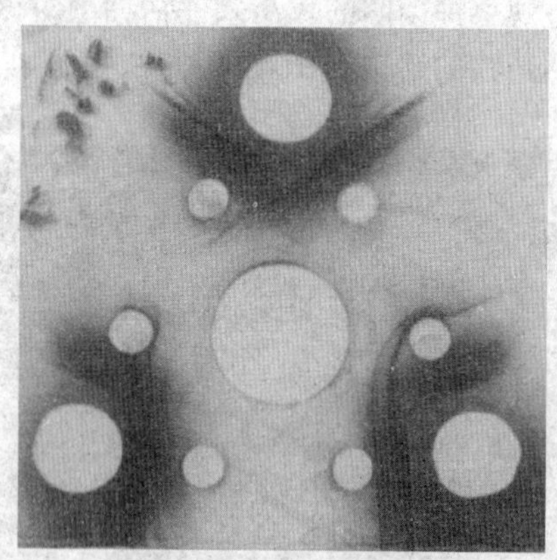

图 4.12　琼脂扩散实验

（三）寄生虫学诊断

有些鸭寄生虫病临床症状和病理变化是比较明显和典型的，例如球虫病、卡氏白细胞虫病等。然而，更多的鸭寄生虫病缺乏典型的特征，往往需要在病理剖检时对血液、皮肤、羽毛、气管及消化道内容物进行检验，发现虫卵、幼虫、原虫或成虫之后才能确诊。粪便的检查，对生前的消化道和呼吸道的若干寄生虫侵袭也有相当的诊断意义。

（四）饲料营养成分分析和毒物检验

如果怀疑是饲料中成分和比例有问题，可以委托专门的饲料检测部门对饲料进行营养成分分析。若是怀疑有毒素存在，可以由兽医药理和毒理检测实验室对可能毒物进行定性和定量检测。

六、预防性措施

总的说来，饲养者无须过多地了解每一种鸭病的症状、病变

和治疗的知识，明智的做法是进行良好的饲养管理，从而尽可能地减少疾病的发生。

如果忽视疾病预防措施，在利润高和鸭场新建时尚可获得一定的效益，一旦利润微薄或鸭场生产维持一段时间以后，就会出现问题，顾头不顾尾，甚至难以维持正常的生产活动。因为鸭是群体、集约化养殖，若预防不力，发生了疫病，不但耗费大量人力、物力，即使能够挽救一些病鸭，其生产性能和经济效益也是低劣的。所以养鸭生产中一定要以预防为主，尽量避免疾病的发生。

（一）制定制度，选对人

制定必要的操作规章和管理制度，招聘有良好的素质、责任心和自觉性的工作人员，进行岗前培训，并依照制度进行考核。

（二）选择厂址，合理分区

从防御卫生角度，鸭场应特别注意远离居民点，远离禽场、屠宰场，远离市场和交通要道，地势较高，有充足和卫生的水源。养鸭场应将生产区、销售区、行政管理区和职工生活区严格分开，并尽可能地根据不同的生产功能将生产区划分成若干个较小的、互相独立并距离较远的小区或分场，以便更好地控制疾病。

（三）全进全出，不混养

不同品种和年龄的鸭有不同的易发病，鸭场内如有不同龄期的鸭共存，则龄期较大的鸭群可能带来某些病原体，本身虽不发病却不断地将病原体传给同场内日龄小的敏感雏鸭，引起疾病的暴发。因此，日龄档次越多，鸭群患病的机会就越大。相反，如果能做到全进全出，一个场内只养某一品种的同一日龄的鸭，则即使鸭到了对某些疾病的敏感期，但由于没有病原体的传入而能平安地度过，直到顺利上市。由此可知，全进全出的饲养方法，发病的概率比多日龄共存的鸭场要少得多。实践证明，全进全出的饲养方法是预防疾病、降低成本、提高成活率和经济效益的最有效措施之一。

（三）净化环境，减少病原

如果饲养环境中没有病原体存在就不会有传染病的发生。一般地说，在新建的鸭场或鸭舍养鸭，不必花费很大精力也能取得较好的饲养效果。然而，两三年之后，疫病一年比一年多，药物和疫苗费用逐年上升，但饲养成绩却逐年下降，最后可能被迫停产清场。因此，一方面要保持种鸭无病原或者净化病原，另一方面要采取物理、化学方法对大门、生产区、鸭棚内进行常规消毒，减少环境中的病原。消毒不能流于形式，要切实落在实处。

（四）计划免疫，提前预防

免疫计划是预防鸭传染病的重要措施，兽医师依照当地流行的鸭传染病种类、鸭生产用途来拟定免疫计划进行免疫，有条件的话可以检测抗体水平，在实践中逐步调整，使免疫计划的制定贴近实际。

第二节　鸭的给药方法

不同的药物、不同的剂量，可以产生不同的药理作用，但同样的药物，同样的剂量，如果用药方法不同也可产生不同的药理效应，甚至引起药物作用性质的改变。不同的给药方法直接影响药物的吸收速度，药效出现的时间，药物作用的程度以及药物在体内维持及排出的时间。

因此，在用药时应根据鸭的生理特点或病理状况，结合药物的性质，恰当地选择用药途径。

一、拌料给药

拌料给药是最常用的一种给药途径。即将药物均匀地拌入料

中，让鸭在采食时，同时吃进药物。该法简便易行，节省人力，减少应激，效果可靠。主要适用于预防性用药，尤其适用于长期给药。但对于病重的鸭，当其食欲降低时，不宜应用。拌料给药应注意如下方面。

1. 剂量准确　不随意加大和减小药物用量。

2. 混料均匀　为了保证药物混合均匀，通常采用分级混合法，即把全部用量的药物加到少量饲料中，充分混合后，再加到一定量饲料中，再充分混匀，然后再拌入到计算所需的全部饲料中。大批量饲料拌药更多次逐步分级扩充，以达到充分混匀的目的。切忌把全部药量一次加入到所需饲料中，简单混合会造成部分鸭中毒而大部分鸭吃不到药物，达不到防制疾病的目的或耽误病情。

3. 注意不良作用　有些药物混入饲料后，可与饲料中的某些成分发生拮抗反应。这时应密切注意不良作用，尽量减少拌料后不良反应的发生，如饲料中长期使用磺胺类药物时应注意 B 族维生素和维生素 K 的补充。应用氨丙啉时应减少 B 族维生素的用量。

二、饮水给药

饮水给药也是比较常用的给药方法之一。它是将药物溶解到鸭群的饮水中，让鸭在饮水时饮入药物，发挥药理效应，这种方法常用于预防和治疗鸭病。尤其在鸭群发病，食欲降低而仍能饮水的情况下更为适用，但药物应该是水溶性，饮水给药应注意如下方面。

1. 适当停水　为了保证鸭在一定时间内饮入定量的药物，起到预防和治疗的效果，一般寒冷季节停饮 3~4 小时，气温较高季节停饮 1~2 小时。

2. 适宜水量　为了保证全群内绝大部分鸭在一定时间内都

喝到一定量的药物水，不至于由于剩水过多致进入鸭体内药物剂量不够或加水不够，饮水不均。因饮水量大小与鸭的品种，舍内温度、湿度、饲料性质、饲养方法等因素密切相关，所以不同鸭群，不同时期，饮水量不尽相同。

3. 正确操作 一般地说，饮水给药主要适用于容易溶解在水中的药物，对于一些不易溶解的药物可以采用适当的加热，加助溶剂或及时搅拌的方法，促进药物溶解，以达到饮水给药的目的。

三、气雾给药

气雾给药是指使用能使药物气雾化的器械，将药物分散成一定直径的微粒，弥散到空间中，让鸭通过呼吸道吸入体内或作用于鸭羽毛及皮肤黏膜的一种给药方法。也可用于鸭舍孵化器以及种蛋等的消毒。使用这种方法时，药物吸收快，出现作用迅速，节省人力；但需要一定的气雾设备，且鸭舍应能密闭，用于鸭时不能使用有刺激性药物。应用气雾给药时应注意如下方面。

1. 恰当选择药物 应用于气雾途径给药的药物应该无刺激性，容易溶解于水。对于有刺激性的药物不应通过气雾给药。同时还应根据用药目的不同，选用吸湿性不同的药物。欲使药物作用于肺部，应选用吸湿性较差的药物；欲使药物主要作用于上呼吸道，就应该选用吸湿性较强的药物。

2. 准确掌握剂量 在应用气雾给药时，不可随意套用拌料或饮水给药浓度。为了确保用药效果，在使用气雾前应按照鸭舍空间情况，使用气雾设备要求，准确计算用药剂量，避免过大或过小，造成不应有的损失。

3. 控制雾粒大小 大量试验证实，进入肺部的微粒直径以0.5~5纳米最合适。雾粒直径大小主要是由雾化设备的设计功效和用药距离决定的。

四、体外用药

体外用药主要指对鸭舍、鸭场环境、用具及设备、种蛋等的消毒，以及为杀灭鸭的体表寄生虫、微生物所进行的鸭体表用药。它包括喷洒、喷雾、熏蒸和药浴等不同方法。在使用外用药时应注意以下方面。

1. 注意选择药物　根据不同的用药目的，选择不同的外用药物。目前常用于鸭场、鸭舍及用具消毒，以及杀灭鸭体表寄生虫的药物种类繁多，但不同的药物都有其独特的作用特点，因此，在使用时应根据用药的目的，选择一定品种药物。同时还应注意抗药性。适当调换药物，不可拘泥于某几种药物，否则，既浪费药物，又起不到一定的作用，还贻误时机。

如系紧急消毒，可适当选用碱性消毒药，如氢氧化钠等，既经济又有效，而为了杀灭一些致病性芽孢菌，就应选用对芽孢作用较强的药物，如甲醛等，而不应选用苯酚类药物。同样，如果是带鸭消毒，就应当选用对鸭刺激作用不大的一些消毒药，如过氧乙酸、百毒杀、抗毒威等，而不应选择刺激性较强的药物如甲醛、氢氧化钠等。使用体外杀虫药也是如此，应根据所要杀灭的寄生虫的特点，选择有关的药物。这样就能做到有的放矢，收到立竿见影的效果。

2. 注意用药浓度　按照不同的作用强度，选择最佳用药浓度。常用的消毒药以及杀虫药除了具有杀灭寄生虫、微生物等作用外，一般对机体都有一定毒性，且其浓度与作用强度有直接关系。超过一定的浓度，就容易引起人或鸭中毒，因此使用时应根据用药目的，严格按照不同药物要求，选择最佳用药浓度，以达到最佳用药效果。

3. 注意用药方法　结合不同药物特性，采用适当的用药方法。不同的药物，有时尽管其作用相同，但其性质可能不同。有的易挥发，有的易吸湿，即使同一种药物，采用不同的用药方法，也可产生不同的用药效果，因此应该结合不同的药物性质特点，选择最能发挥该种药物特点的用药方法，以收到事半功倍的效果。如甲醛易挥发，刺激性强，就可以利用这一特点，采用熏蒸法对密闭鸭舍或孵化器消毒，而百毒杀等药物刺激性小，就可以进行带鸭消毒，以达到良好的用药效果。

五、经口投服给药法

经口投服给药法简便易行、容易掌握、剂量准确。但由于药物投服后易受消化酶和酸碱度的影响，降低药物效果，同时其产生作用比较迟缓，因此口服给药剂量应大于注射给药，且一般适用于不太危急的病例。

常用于经口投服的药物包括片剂、粉剂、丸剂和胶囊剂及溶液剂等。在投溶液剂时药量不宜过多，必要时可采用胶管直接插入食道，要严防药物进入气管，导致异物性肺炎或使鸭窒息而死。

六、皮下注射给药法

皮下注射给药法简单，药物容易吸收。可采用颈部皮下、胸部皮下和腿部皮下等部位注射，是预防接种时常用的方法之一。应用皮下注射时药物量不宜太大，且无刺激性。注射的具体方法是由助手抓鸭或注射者左手抓鸭（成年鸭体形较大，最好两人操作），并用拇指、食指掐起注射部位的皮肤，右手持注射器沿皮肤皱褶处刺入针头，然后推入药液。

七、肌内注射给药法

肌内注射法药物吸收快，药物作用稳定，方法简便，安全有效，是最常用的注射用药方法之一，可在预防和治疗鸭的各种疾

病时使用。肌内注射部位有大腿外侧肌肉、胸部肌肉和翼根内侧肌肉等。在采用肌内注射时要注意使针头与肌肉表面成35°~50°角进针，不可直刺，以免刺伤大血管或神经，特别是胸部肌内注射时更应谨慎操作，切记不要使针头刺入胸腔或肝脏，以免造成年鸭死亡。在使用刺激性药物时，应采用深部肌内注射。

八、静脉注射给药法

静脉注射法是将药物直接送入血液循环中，因而药效产生迅速，用药剂量准确。适用于急性或危急、用药剂量较少且要求准确剂量的病例；同时也适用于一些有刺激性和必须进入血液才能发挥药效的药物，如解毒药、高渗溶液等。但该方法要求操作技术较高。

九、腹腔注射给药法

腹腔注射给药法是将药物经腹腔吸收后产生药效，其药效产生迅速，可用于剂量较大，不易经静脉给药的药物。具体方法是由助手抓鸭，使鸭腹部面向注射者。最好采用头低尾高位，使腹腔脏器向下挤压，注射者左手拇指、食指掐起腹壁，右手持注射器使针头穿过腹壁进入腹腔而又不刺入其他脏器或肠管内，然后将药物推入腹腔内。但该方法也要求一定的操作技术，使用不当容易伤及脏器造成年鸭伤亡或使药物注入肠管，不能充分发挥药物的效用。

十、种蛋或禽胚给药法

由于某些致病性细菌或病毒可以经种蛋由母鸭直接传播给后代雏鸭，或经蛋壳侵入而使鸭胚或孵出的雏鸭发病，因而在实际工作中经常使用给种蛋或鸭胚直接用药的方法，进行消毒以杀灭病原微生物用来预防某些传染性疾病或治疗一些胚胎病，常用的经种蛋或鸭胚给药方法如下。

1. 熏蒸法 熏蒸法是最常用于种蛋的一种消毒方法。通常是将消毒药物加热或通过化学作用使其挥发于一定空间中，以杀死空间和种蛋蛋壳表面的病原微生物。消毒的药物有甲醛、高锰酸钾、过氧乙酸等多种。使用时将种蛋放置于特定的消毒室、罩或孵化器内，按容积计算好用药量后，放置药物并加热、点燃或使其发生化学反应，使药物挥发到整个空间，从而达到消毒的目的。熏蒸时应关闭消毒室、罩或孵化器的所有门、窗以及气孔。熏蒸一定时间后再打开。否则，不能收到理想效果。

2. 浸泡法 浸泡法是指将种蛋放置到配制成一定浓度和适温的药液中，使药物经种蛋吸收或杀死种蛋表面的微生物。在浸泡前一般应用清水或温水洗涤蛋壳表面，否则不仅浪费药物也不能收到预想的效果。

3. 注射法 将药物直接注射到鸭胚的一定部位如气室、蛋白、尿囊腔、卵黄囊或尿膜绒毛膜等，可用于鸭胚疾病的预防和治疗，以及疫苗接种等。此外还是实验室常用的经种蛋或鸭胚的给药方法之一。

第五章　鸭常见病的防制技术

第一节　鸭常见病毒性疾病的防制

一、鸭瘟（鸭病毒性肠炎）

鸭瘟又称鸭病毒性肠炎（DVE），是一种接触性、高死亡率、急性、热性传染病，俗称大头瘟。由疱疹病毒引起，可以感染鸭、鹅和天鹅。本病通过病禽和易感水禽直接接触传染，也可通过污染环境间接接触而传染。DVE 的损伤与血管损伤有关（组织出血和体腔内出血），引发胃肠道黏膜表面的血管破裂，同时淋巴结和其他组织也有损伤。

（一）病原与流行病学

疱疹病毒对外界抵抗力不强，对热和普通消毒药都很敏感，对低温抵抗力较强。

本病一年四季均可发生，但以春、秋季流行较为严重。在自然条件下，本病对不同年龄、性别和品种的鸭都有易感性，以番鸭、麻鸭易感性较高，北京鸭次之，30 日龄以内雏鸭较少发病。在人工感染时小鸭较大鸭易感，自然感染则多见于大鸭，尤其是产蛋的母鸭。鸭瘟传入易感鸭群后，一般 3～7 天开始出现零星病鸭，再经 3～5 天陆续出现大批病鸭（图 5.1），疾病进入流行发展期和流行盛期。鸭群整个流行过程一般为 2～6 周。如果鸭群中有免疫鸭或耐过鸭时，可延至 2～3 个月或更长。

（二）临床症状

潜伏期一般为 2～4 天，病鸭初期表现精神萎靡，头颈缩起，呼吸困难，常伴有湿啰音，食欲降低，渴欲增加。两肢发软，步态蹒跚。经常卧地，难以走动，驱赶时两翅扑地而走，不愿下水。眼四周湿润、怕光、流泪，有的因附有脓性分泌物而两眼黏合。鼻孔内流浆液性或黏性分泌物。部分病鸭头颈部肿胀（图 5.2），体温急剧升高达 43～44℃，高热不退。病鸭下痢，排绿色稀便，有时为灰白色，肛门周围羽毛被污染，常附有稀粪结块。病鸭在出现症状后 1～5 天内衰竭死亡。

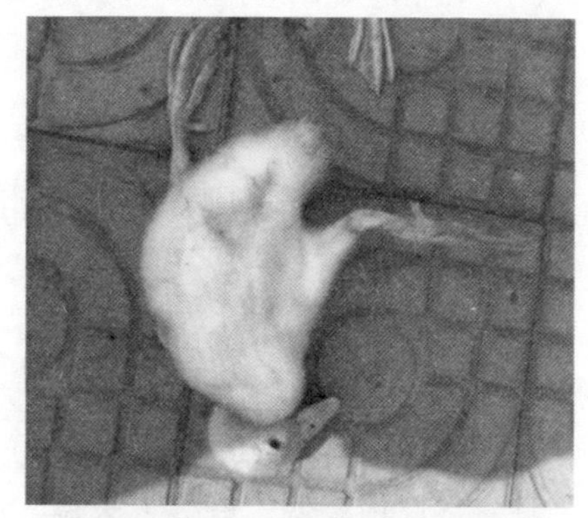

图 5.1　感染鸭瘟的雏鸭倒地死亡

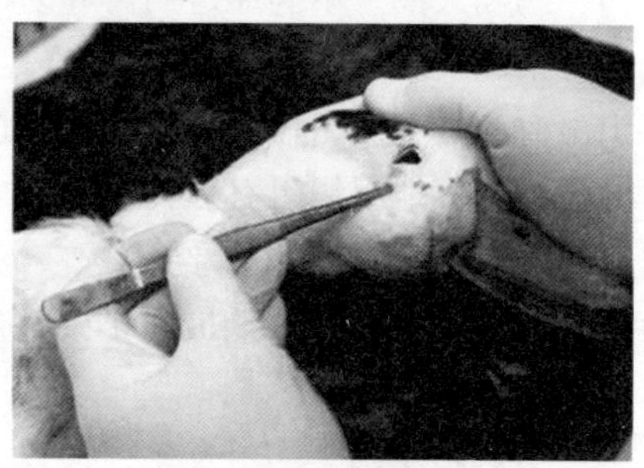

图 5.2　部分病鸭头颈部肿胀

产蛋鸭群的产蛋量减少 30%左右，随着死亡率的增高，可减产 60%以上，甚至停产。

（三）病理变化

解剖尸体可以看到急性败血症，全身小血管受损，导致组织出血和体腔溢血，尤其消化道黏膜出血和形成伪膜或溃疡，淋巴组织和实质器官出血、坏死。

病鸭皮下组织发生不同程度的炎性水肿，典型病例的头和颈部皮肤肿胀、紧张，切开时流出淡黄色的透明液体。

食道与泄殖腔的疹性病变具有特征性。食道黏膜有纵行排列呈条纹状的黄色伪膜覆盖或小点出血（图 5.3），伪膜易剥离并留下溃疡斑痕。泄殖腔黏膜病变与食道相似，即有出血斑点和不易剥离的伪膜与溃疡。食道膨大部分与腺胃交界处有一条灰黄色坏死带或出血带，肌胃角质膜下层充血和出血。腺胃乳头坏死（图 5.4）。肠黏膜充血、出血，以直肠和十二指肠最为严重（图 5.5）。胰腺有大量出血点和黄色病灶区，在其外表或切面均可见到。肝表面和切面有大小不等的灰黄色或灰白色的坏死点，少数坏死点中间有小出血点。胆囊肿大，充满黏稠的墨绿色胆汁。心外膜和心内膜上有出血斑点，心腔里充满凝固不良的暗红色血液。产蛋母鸭的卵巢滤泡增大，卵泡的形态不整齐，有的皱缩、充血、出血，有的发生破裂而引起卵黄性腹膜炎。

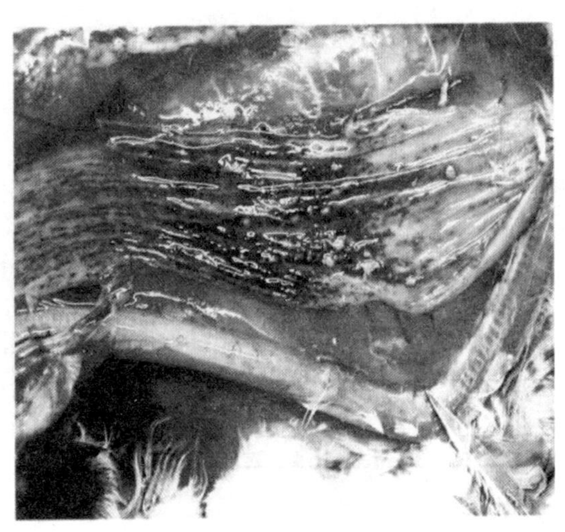

图 5.3　食道黏膜出血

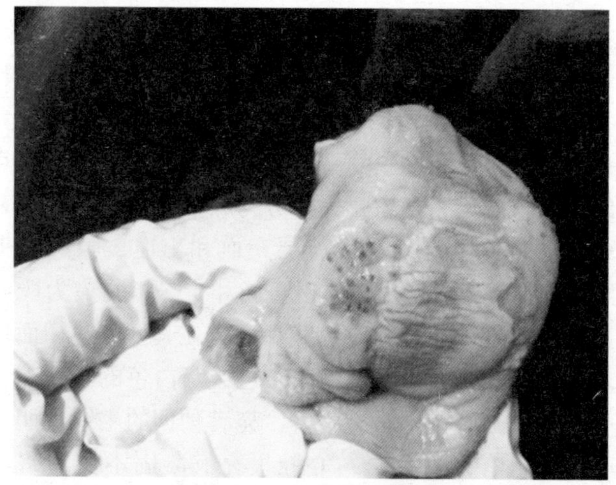

图 5.4　腺胃乳头坏死

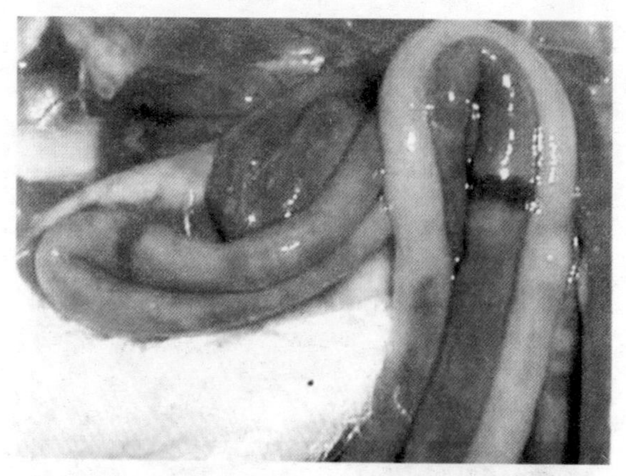

图 5.5　肠道充血出血，环状坏死带或出血带

(四) 诊断与防制

根据临床症状和病理变化进行综合分析，一般可做出诊断。

必要时进行病毒分离鉴定和中和试验加以确诊。

预防鸭瘟应避免从疫区引进鸭，如必须引进，一定要经过严格检疫，并经隔离饲养2周以上，证明健康后才能合群饲养。

在受威胁区内，所有鸭应注射鸭瘟弱毒疫苗。产蛋鸭宜安排在停产期或开产前一个月注射。肉鸭一般在20日龄以上注射一次即可。

本病可用抗鸭瘟高免血清进行早期治疗，每只鸭肌内注射0.5毫升，有一定疗效；还可用聚肌胞（一种内源性干扰素）进行早期治疗，每只成年鸭肌内注射1毫升，3日1次，连用2~3次，也可收到一定疗效。

二、鸭病毒性肝炎

鸭病毒性肝炎简称鸭肝炎，是由鸭病毒性肝炎病毒引起雏鸭的一种以肝脏呈现出血性炎症为特征的急性烈性传染病。又由于病鸭死前头向后弯，呈角弓反张姿势，俗称背脖病。

（一）病原与流行病学

鸭病毒性肝炎病毒Ⅰ型属于小RNA病毒科，病毒抵抗力强，在自然环境中可较长时间存活。病毒可以造成肝炎、脑炎和法氏囊免疫功能损伤。

图5.6　大群精神萎靡

本病主要发生于4~20日龄雏鸭（图5.6），成年鸭有抵抗力，鸡和鹅不能自然发病。病鸭和带毒鸭是主要传染源，主要通过消化道和呼吸道感染。

（二）临床症状

本病发病急，传播快，死亡率高（图 5.7）。病初精神萎靡，不食，行动呆滞，缩颈，翅下垂，眼半闭呈昏迷状态，有的出现腹泻。不久，病鸭出现神经症状，不安，运动失调，身体倒向一侧，两脚发生痉挛，数小时后死亡。死前头向后弯，呈角弓反张姿势（图 5.8）。

图 5.7　发病急，传播快，死亡率高

图 5.8　死前头向后弯，呈角弓反张姿势

（三）病理变化

剖检可见特征性病变在肝脏。肝肿大，呈黄红色或花斑状，表面有许多针尖大至黄豆粒大出血点（图 5.9）。胆囊肿大，充满胆汁。脾脏有时肿大，外观也类似肝脏的花斑。多数肾脏充血、肿胀。心肌如煮熟状。有些病例有心包炎、气囊中有微黄色渗出液和纤维素性絮片。

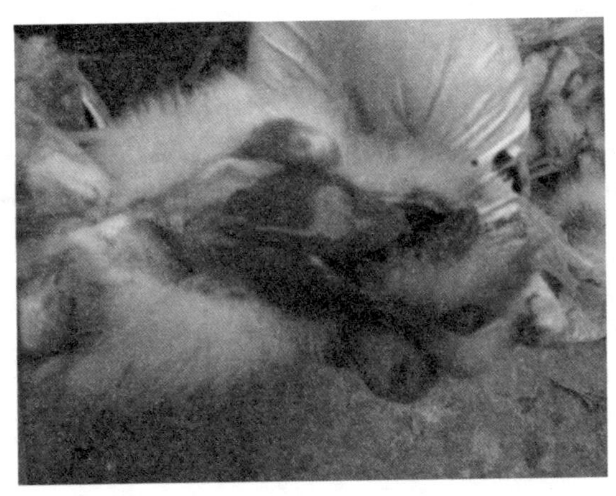

图 5.9　肝脏肿大出血

（四）诊断与防制

目前，我国只发现鸭肝炎 I 型，本病型多见于 20 日龄内的雏鸭群，发病急，传播快，病程短，出现典型的神经症状，肝脏严重出血等特征，均有助于做出初步判断。值得注意的是，近年来临床上在较大日龄鸭群或已做免疫接种的鸭群发生本病时，病例常缺乏典型的病理变化，仅见肝脏肿大、瘀血，表面有末梢毛细血管扩张破裂而无严重的斑点状出血，易造成误诊漏诊，必须经病原分离与鉴定确诊。

1. 综合措施　对雏鸭采取严格的隔离饲养，尤其是 5 周龄以内的雏鸭，应供给适量的维生素和矿物质，严禁饮用野生水禽栖息的露天水池的水。孵化、育雏、育成、育肥均应严格划分，饲管用具要定期清洗、消毒。

2. 预防接种 在种鸭收集种蛋前2~4周给肌内注射鸡胚弱毒疫苗，可以保护所产种蛋孵化的雏鸭不受感染，具体方法是给母鸭间隔2周胸肌注射2次疫苗，每次1毫升。雏鸭也可用肌内注射、脚蹼皮内刺种或气溶胶喷雾等方法接种。

3. 隔离 一旦暴发本病，立即隔离病鸭，并对鸭舍或水域进行彻底消毒。对发病雏鸭群用标准鸭肝炎I型高免卵黄抗体注射治疗，1~1.5毫升/只，同时注意应用抗生素控制继发感染。流行初期或孵化室被污染后出壳的雏鸭，立即注射高免血清（或卵黄）或康复鸭的血清，每只0.3~0.5毫升，可以预防感染或减少病死。

三、鸭脾坏死

鸭脾坏死是近年来新发生的一种综合性鸭病。脾脏是鸭体内重要的中枢免疫器官，脾脏坏死，整个机体自身免疫水平就会降低，易继发感染其他疾病。该病一般药物治疗效果不明显，给养鸭业带来了很大危害。

（一）病原

本病是由呼肠孤病毒引起的一种病毒病（也有说是病毒和细菌混合感染引起的，病原主要是变形杆菌、沙门杆菌、住白细胞原虫、链球菌、真菌、组织滴虫、轮状病毒、呼肠孤病毒等混合感染，以变形杆菌、沙门杆菌多见。但目前的说法不确定——编者）。

（二）流行特点

鸭呼肠孤病毒病多发生于雏番鸭、雏半番鸭、樱桃谷北京鸭及其他品种雏鸭。多发于7~35日龄，发病率为60%~90%，病死率为50%~80%。本病既可水平传播，也可垂直传播，其发生无明显季节性，一年四季均可发生，在天气骤变、卫生条件差、饲养密度高等情况下易促发本病。

（三）临床症状

病鸭精神沉郁（图 5. 10），食欲和饮欲减退，全身乏力，软脚，多蹲伏或卧地不起，瘫痪并死亡（图 5. 11）；死亡的鸭生长状况大部分良好（图 5. 12）；腹泻，排白色或绿色粪便。死亡后鸭喙呈紫黑色（图 5. 13）。眼和鼻有分泌物，有的鸭肛门部位多有尿酸盐黏附。尤其初期病鸭多表现为扎堆、呆滞、缩头、翅膀下垂、摇头、呼吸急促，走路两腿伸直、身体哆嗦等症状，严重者瘫痪。

图 5. 10　病鸭精神沉郁

图 5. 11　病鸭瘫痪并死亡

图 5. 12　死亡鸭多生长状况良好

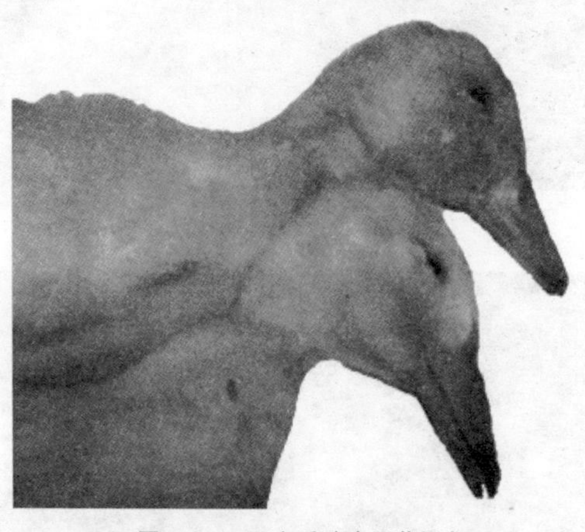

图 5. 13　死亡后鸭喙呈紫黑色

(四) 病理变化

番鸭和半番鸭最具特征的剖检病变为肝脏表面密布大量针尖大的白色坏死点（图 5. 14）。樱桃谷北京鸭的脾脏上有绿豆至黄

豆大小的中间凹陷的坏死灶，脾脏出血坏死（图 5.15、图 5.16），肝脏呈土黄色，肺脏出血，胸腺黏膜、肌胃角质膜有不规则的出血斑。胆囊肿大（图 5.17），胆汁渗出，颜色变淡。心肌出血。

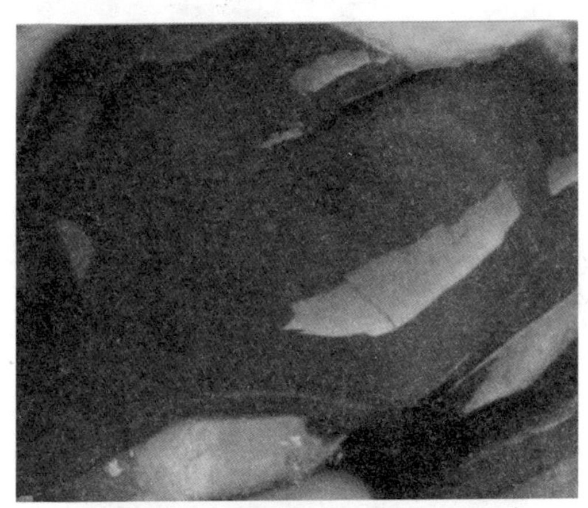

图 5.14　肝脏表面密布坏死点

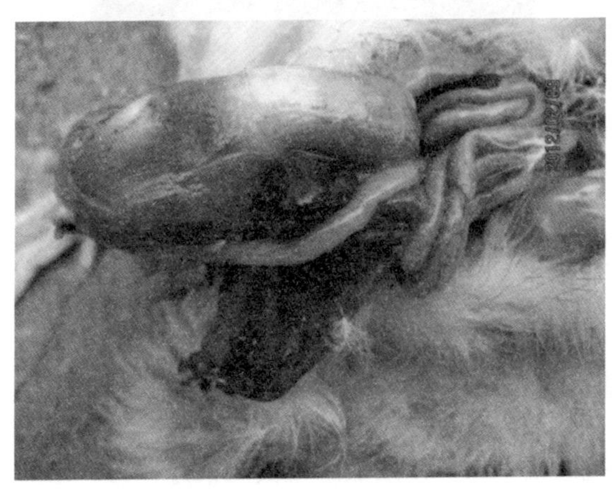

图 5.15　脾脏出血坏死（1）

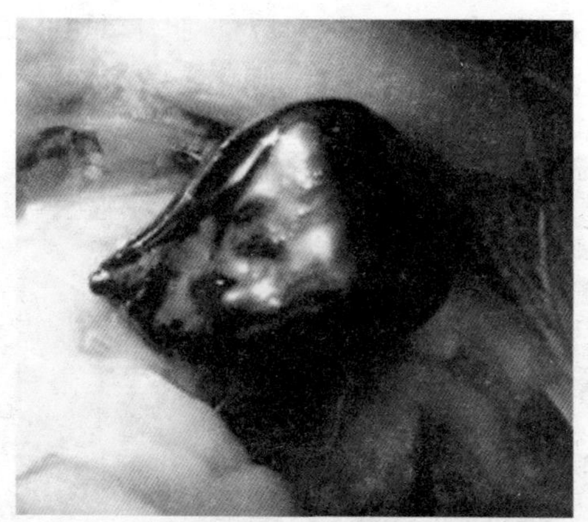

图 5.16　脾脏出血坏死（2）

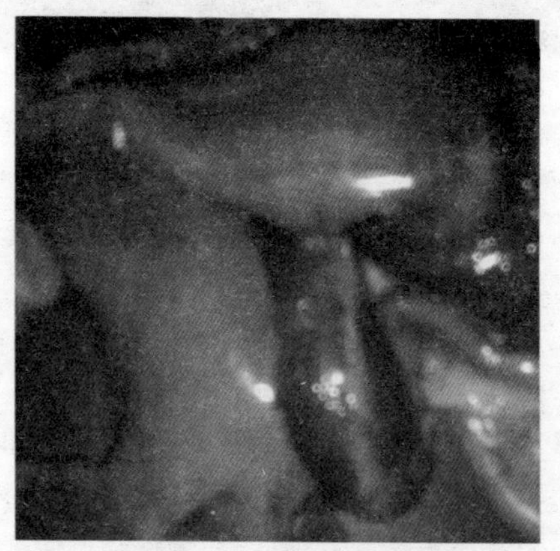

图 5.17　胆囊肿大

（五）防制措施

试用抗病毒中药，使用敏感抗菌药治疗，有一定效果。

1. 预防

(1) 加强饲养管理，特别是舍内的垫料不能过湿，不能有霉变的。

(2) 保持舍内的温度稳定，不能时高时低，改善室内的环境，使空气清新。

(3) 减少饲养密度、减少应激，保持舍内良好的通风，室内保持一定的湿度。

(4) 加强营养，提高免疫力，不能喂给霉变的饲料，提高免疫力。

(5) 定期对舍内外进行全面消毒。

2. 治疗　运用中医“辨证论治”原则，重用苍术、白术，以其苦温性燥，最善除湿运脾；厚朴苦温，行气化湿；陈皮理气化滞。诸药合用，共奏化湿浊、畅气机、健脾运、和胃气、促运化之功，以解鸭脾脏坏死之顽疾。用后当天见效，2 天控制死亡，3 天痊愈。

四、番鸭细小病毒病

本病是由细小病毒引起的雏番鸭的一种急性传染病，俗称三周病。

(一) 病原与流行病学

病原为细小病毒科细小病毒属的番鸭细小病毒。该病毒可以在各种器官内大量繁殖，造成心肌炎，对消化系统和神经系统损伤最甚。自然情况下仅雏番鸭发病，17~20 日龄最易感，具有高度传染性和死亡率。

(二) 临床症状

病雏番鸭精神沉郁、厌食、怕冷、软脚、喜蹲、喘气、张口呼吸、喙发绀、显著消瘦，粪便稀薄呈灰白或灰黄色。患病后期角弓反张及腿部瘫痪，病程 2~7 天。少数病愈雏番鸭大多成为生长不良的僵鸭，出现个体小、消瘦、掉羽等症状。

（三）病理变化

病雏番鸭的肠黏膜有不同程度的充血和出血，呈卡他性炎症，尤以十二指肠、空肠和回肠病变为甚。多数病例在小肠的中段和下段，特别是在靠近卵黄柄和回盲部的肠段，外观变得极度膨大，呈淡灰白色，形如香肠状，手触肠段质地很坚实（图 5. 18）。从膨大部与不肿胀的肠段连接处可以很明显地看到肠道被阻塞的现象。亚急性病例发生纤维素性肝周炎和腹水（图 5. 19）；急性病例出现肠道出血和坏死（图 5. 20）。

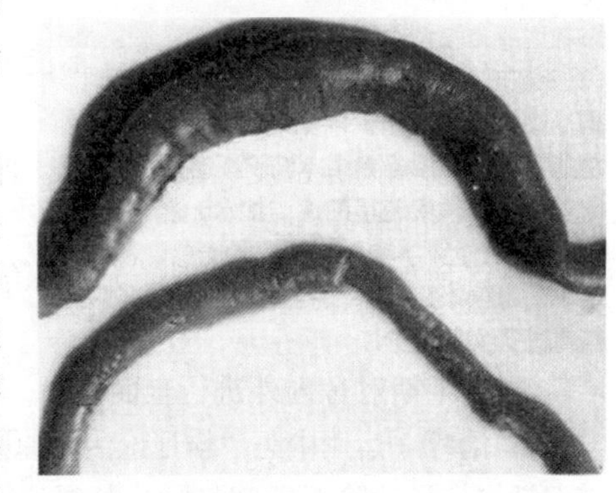

图 5. 18　病变肠管形如香肠状，手触肠段质地坚实，下方为正常肠管外形

胰腺苍白，局部充血，表面有数量不等的针头大灰白色坏死点。心脏色泽苍白，心肌松软。胆囊肿大。脑壳、脑组织充血。

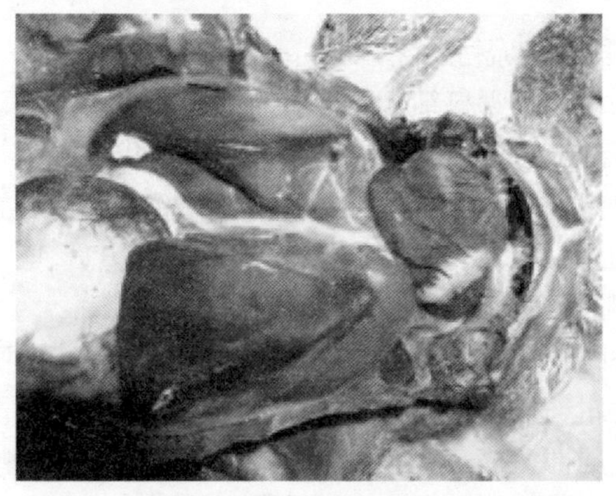

图 5. 19　亚急性病例发生纤维素性肝周炎和腹水

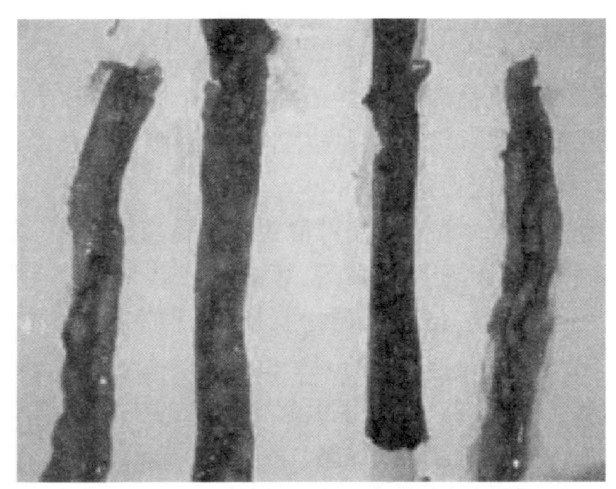

图 5.20　急性病例发生肠道出血和坏死

（四）诊断与防制

1. 诊断　可根据其流行病学和特征性的临床症状、病理变化做出初步诊断。确诊需应用实验室诊断。

2. 防制

（1）做好饲养产地和孵化场地清洁和消毒工作。

（2）刚出壳雏鸭在 48 小时内注射番鸭细小病毒弱毒疫苗。

（3）刚出壳雏鸭，皮下注射 0.3～0.5 毫升抗番鸭细小病毒高免血清进行预防；已发病番鸭每只注射 1 毫升。

（4）采用黄连解毒汤加减：板蓝根 800 克、白头翁 500 克、黄连 800 克、黄柏 500 克、山栀子 500 克、黄芩 800 克、金银花 200 克、地榆 200 克、穿心莲 500 克、甘草 200 克，每剂两次煎汁 70～80 千克，浓缩药液至 40～50 千克，供 1 500 只 3 周龄番鸭自由饮用，每日 1 剂。服药期间适当减少供水量，重症不能自饮病鸭用注射器灌服，每只番鸭 3～5 毫升，7～8 小时喂 1 次。

五、鸭流感

鸭流感（鸭流行性感冒）是由A型禽流感病毒中的某些致病性血清亚型毒株引起的鸭只发生全身性或呼吸器官传染病。

（一）病原与流行病学

鸭流感的病原体是正黏病毒群的A型禽流感病毒，属正黏病毒科流感病毒属。由于不同禽流感病毒的HA和NA有不同的抗原性，目前已发现有15种特异的HA和9种特异的NA，分别命名为H_1-H_{15}、N_1-N_9，不同的HA和不同的NA之间可形成多种血清型的禽流感病毒。近几年引起鸭发病的主要是H_5N_1亚型。本病毒对消毒药物和紫外线敏感。

本病一年四季均可发生，但在寒冷、交替变化的季节多发。各种日龄各种品种均可感染，纯种鸭比其他品种易感，雏鸭死亡率可高达95%以上。

（二）临床症状

本病的潜伏期从几小时到2~3天。由于鸭的品种、年龄、并发症、流感病毒株的毒力以及外环境条件的不同，其表现的临诊症状有较大的差异。病鸭流泪，鼻腔流出大量浆液（图5.21）；神经症状，头部扭转（图5.22）。

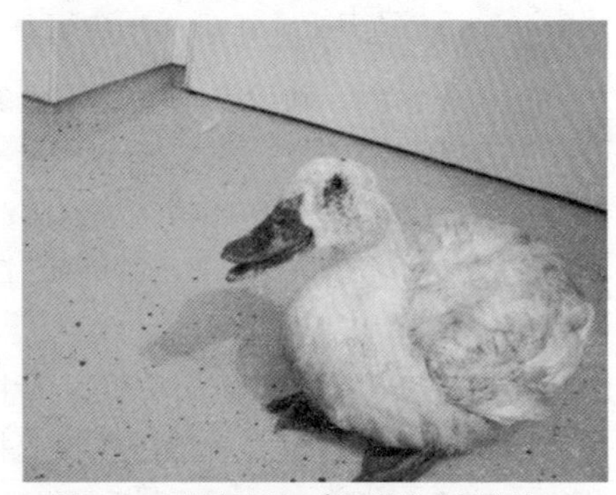

图5.21 病鸭流泪，鼻腔流出大量浆液

图 5.22　神经症状，头部扭转

1. 最急性型　鸭突然发病，食欲废绝，精神高度沉郁，蹲伏地面，头颈下垂，很快倒地，两脚做游泳状摆动（图 5.23），不久即死亡。此型尤其常见于雏番鸭，感染后 10 多小时内死亡。

图 5.23　两脚做游泳状摆动

2. 急性型　这一病型的症状最为典型。病鸭突发性出现症状，精神沉郁，缩颈，双翅下垂，羽毛松乱，食欲减少或废绝，昏睡，反应迟钝，头插入翅膀下。有些病鸭可见鼻腔流出浆液性或黏液性分泌物，呼吸困难，频频摇头并张口呼吸，咳嗽，临死前喙呈紫色（图 5.24）。病鸭下痢，拉白色或带淡黄色或淡绿色稀粪，机体迅速脱水、消瘦，病程急而短，发病 2~3 天内可引起大批死亡。发病的种鸭产蛋率、受精率均急剧下降，畸形蛋增多。

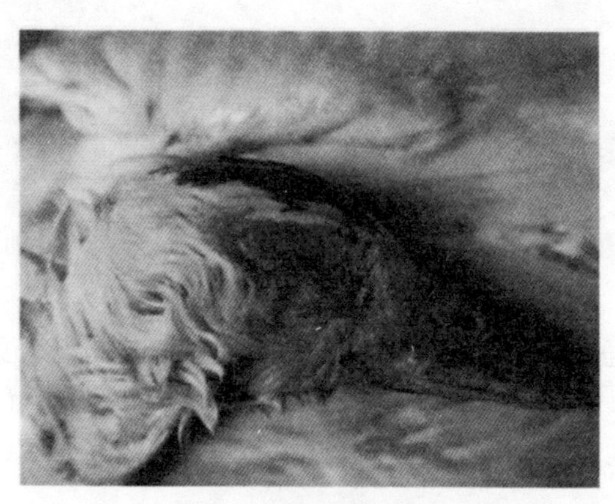

图 5.24　临死前喙呈紫色

3. 亚急性型　病鸭表现以呼吸道症状为主。一旦发病，很快波及全群。病鸭呼吸急促。鼻流浆液性分泌物，咳嗽，2~3 天后大部分病鸭呼吸道症状减轻。发病期间，食欲减少，经常咳嗽。母鸭主要表现产蛋量下降。死亡率较低。倘若鸭群感染了中等致病力以下的禽流感病毒株，临诊症状较轻，除一般全身症状外，雏鸭和中鸭多数表现以呼吸道症状为主，产蛋母鸭产蛋量下降，死亡率较低。若有细菌性并发症，则死亡率较高。

（三）病理变化

大多数病鸭皮肤毛孔充血、出血，全身皮下和脂肪出血。头肿大的病鸭下颌部皮下水肿，有淡黄色或淡绿色胶冻样液体。

眼结膜出血，瞬膜充血、出血。颈上部皮肤和肌肉出血，鼻黏膜充血、出血和水肿。鼻黏液增多。鼻腔充满血样黏性分泌物。喉头及气管环黏膜出血。分泌物增多。肺充血、出血、水

肿，呈暗红色，切面流出多量泡沫状液体。气管黏膜出血。胸膜严重充血，胸膜的脏层和壁层、腹壁附着有大小不一、形态不整、淡黄色纤维素性渗出物。心包常见积液（图5.25），心冠沟脂肪有出血点和出血斑，心肌有灰白色条纹状坏死（图5.26）。

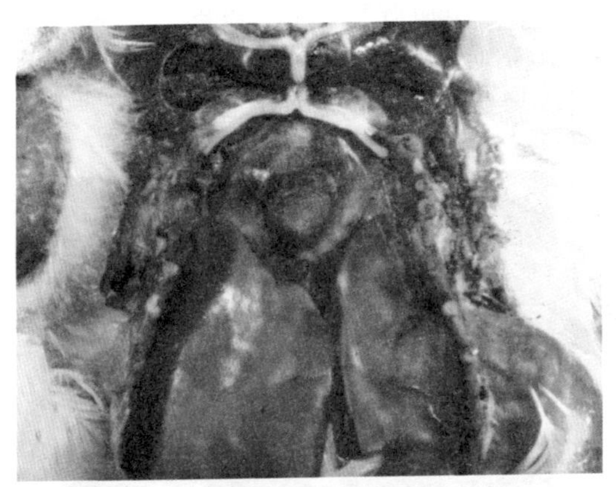

图5.25　心包积液

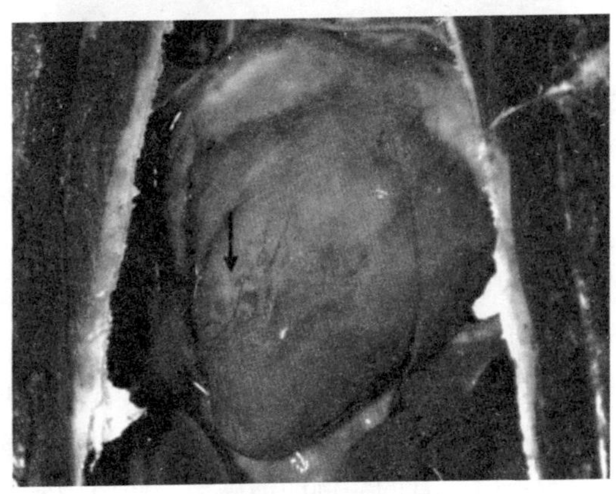

图5.26　心肌坏死灶

食管与腺胃、腺胃与肌胃交界处（图 5. 27）及腺胃乳头和黏膜有出血点、出血斑、出血带，腺胃黏膜坏死溃疡。肠黏膜充血、出血，尤以十二指肠为甚，并有局灶性出血斑或出血性溃疡病灶。胰腺轻度肿胀（图 5. 28），表面有灰白色坏死点和淡褐色坏死灶（图 5. 29）。肝脏肿胀，呈土黄色，质脆，部分可见出血点。脾脏肿大，充血，瘀血，有灰白色针头大坏死灶。胆囊肿大，充满胆汁。肾肿大，呈花斑状出血。

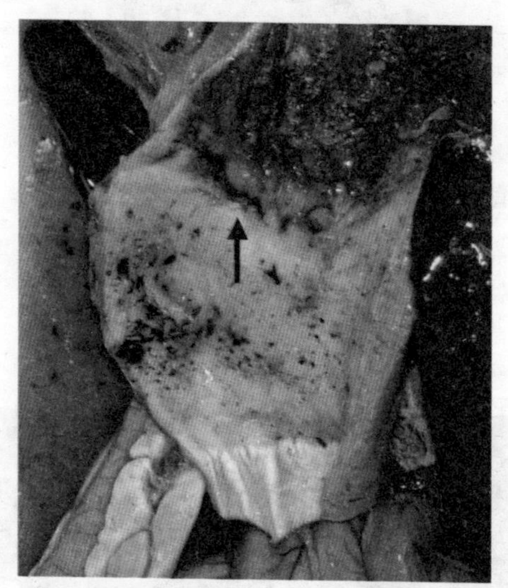

图 5. 27　腺胃与肌胃交界处的出血点

患病的产蛋母鸭除上述病变外，主要病变在卵巢，较大的卵泡膜严重充血和有较大出血斑，有的卵泡变形、变黑、变白和皱缩。病程稍长的病例可见其卵巢内处于不同发育阶段的卵泡的卵泡膜出血，呈紫葡萄串样。输卵管黏膜充血、出血，输卵管蛋白分泌部有凝固的蛋白，有的病例卵泡破裂，腹腔中常见到无异味的卵黄液。

图 5. 28 胰腺轻度肿胀，表面有灰白色坏死点和淡褐色坏死灶

图 5. 29 胰腺上的坏死灶

(四) 诊断与防制

1. 诊断 当小鸭群中迅速出现鼻炎、窦炎等呼吸道炎性症状

时，就应考虑到鸭流感。单从上述临床症状，很难与其他出现呼吸道症状的疾病相鉴别，因此，必须依靠实验室诊断才能确诊。

2. 防制 控制本病的传入是关键。应做好引进种鸭、种蛋的检疫工作，坚持全进全出的饲养方式。平时加强消毒，做好一般疫病的免疫，以提高鸭的抵抗力。

一旦发生疫情，要立即上报，在动物防疫监督机构的指导下按法定要求采取封锁、隔离、焚尸、消毒等综合措施扑灭疫情。消毒可用5%甲酚、4%氢氧化钠、0.2%过氧乙酸等消毒药液。对疫区或威胁区内的健康鸭群或疑似感染群，应使用农业部指定的禽流感灭活苗紧急接种。

六、鸭出血症

鸭出血症是由新型疱疹病毒（鸭疱疹病毒Ⅱ型）引起的可侵害各品种、各日龄鸭的传染病。因病鸭双翅羽毛管、喙端及爪尖足蹼常出血呈紫黑色，俗称鸭“黑羽病”、鸭“乌管病”和鸭“紫喙黑足病”；根据该病的特征性剖检病变又称为鸭出血症。目前，我国的福建、广东、浙江等南方数省区均有该病发生，且发病的鸭群易并发或继发细菌性传染病（如鸭传染性浆膜炎、鸭大肠杆菌病等）或病毒性传染病（如雏鸭病毒性肝炎、鸭流感等），因而易被人们所忽视。

（一）流行特点

各品种鸭均可感染发病，但以番鸭最易感。目前尚未发现其他禽类和哺乳类动物发生本病。本病多发于10~55日龄的鸭群，但其他日龄段鸭也有发病。发病率、病死率高低不一，而且与发病鸭日龄密切相关。在35日龄内，日龄愈小，发病率、病死率愈高，有时高达80%；35日龄以上单一感染本病的鸭群，随着日龄的增长，日死亡率为1%~1.7%。本病的发生无明显的季节性，但在气温骤降或阴雨寒冷天气时发病较多。

（二）临床症状

本病的特征性临床症状为病鸭或病死鸭双翅羽毛管内出血或瘀血（图 5. 30），外观呈紫黑色，出血变黑的羽毛管易断裂和脱落。病死鸭上喙端、爪尖、足蹼末梢周边发绀（图 5. 31、图 5. 32），也呈紫黑色。病死鸭口、鼻中流出黄色液体，沾污上喙前端和口部周围羽毛，有的羽毛甚至被染成黄色。

图 5. 30　病死鸭翅羽毛管内出血

图 5. 31　病死鸭上喙端发绀

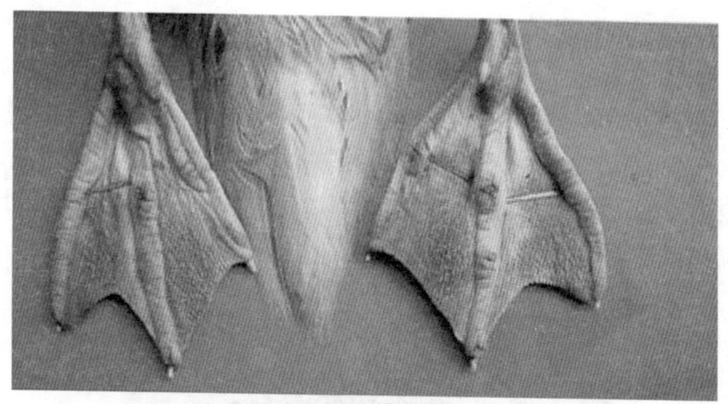

图 5.32　病死鸭足蹼和爪尖发绀

（三）病理变化

本病的特征性剖检病变为双翅羽毛管内出血及组织脏器出血或瘀血。具体表现为肝脏稍肿大，呈树枝样出血或瘀血，并偶见个别白色坏死点；胰腺常出血，可见出血点或出血斑，或整个胰腺均出血呈红色。小肠、直肠、盲肠明显出血，有时在小肠段可见出血环。脾脏、肾脏、大脑、法氏囊等轻度出血或瘀血。

（四）诊断与防制

1. 诊断　根据病鸭的特征性临床症状和剖检病变，不难做出诊断。该病的确诊有赖于实验方法。在临诊上该病易与雏鸭病毒性肝炎、鸭瘟、鸭流感、鸭球虫病、种鸭坏死性肠炎等病相混淆，应根据各病的临床症状和特征性剖检病变加以区别。种鸭坏死性肠炎是多发生于种鸭的一种疾病，秋冬季节多发，临诊上以病鸭体弱、食欲缺乏、不能站立、突然死亡和肠黏膜坏死为特征。本病可发生于不同日龄的鸭，种鸭发生出血症时除肠道出血外，胰腺、肝脏、肾脏等均有不同程度的出血。

2. 防制　可根据发病特点，采取相应的措施。如肉用鸭，多发于 20~35 日龄，则在 18 日龄时每只颈背皮下注射鸭出血症高免蛋黄抗体 1~1.5 毫升。有的鸭场每批在 20 日龄以后均有发

病，则应在15日龄时肌内注射鸭出血症弱毒疫苗。对于种鸭或蛋用鸭，则应在开产前1个月肌内注射鸭出血症灭活苗。弱毒苗和灭活苗的用量按生产厂家的使用说明书进行。

对目前没有本病流行的地区和没有从福建、浙江、广东、江西、广西（疫区）引进雏鸭、种鸭、种蛋的鸭场就不用注射蛋黄抗体、弱毒苗。

对于发病的小鸭，除加强饲养管理和消毒外，其高免蛋黄抗体的注射剂量要高至每日2~3毫升，且要掺入黄芪多糖（或紫锥菊）、头孢噻呋钠、阿米卡星，以防止继发感染。

七、鸭副黏病毒病

鸭副黏病毒病又叫鸭新城疫，是由副黏病毒引起的一种水禽病毒性急性传染病。本病对番鸭、半番鸭、产蛋麻鸭以及鹅均有致死性，其中番鸭和鹅相对较敏感。肉鸭发病日龄在8~30日龄，日龄越小，发病越严重。中、大鸭病情相对较轻或呈隐性感染。在产蛋鸭可造成产蛋性能下降。本病一年四季均可发生，但以春冬季节多发。病禽的胴体、内脏、排泄物或分泌物及污染的饲料、水源、草地、用具和环境等是主要的传染源，种蛋和孵化室也是传染来源。从疫区引进带毒的鸭、鹅常是发病的重要原因，在流行地区的水塘中放养十分危险。消化道、呼吸道、皮肤或者黏膜的损伤均可引起感染。

（一）病原

本病病原为鸭副黏病毒，以侵害消化道和呼吸道为特征。

（二）临床症状

病初病鸭食欲减少，羽毛松乱，饮水增加，缩颈，两腿无力，孤立一旁或瘫痪。羽毛缺乏油脂，易附着污物。开始排白色稀粪，中期粪便转红色，后期呈绿色或黑色，常污染泄殖腔周围羽毛（图5.33）。部分病鸭呼吸困难，甩头，口中有黏液蓄积。

有些病鸭出现转圈或向后仰等神经病状。

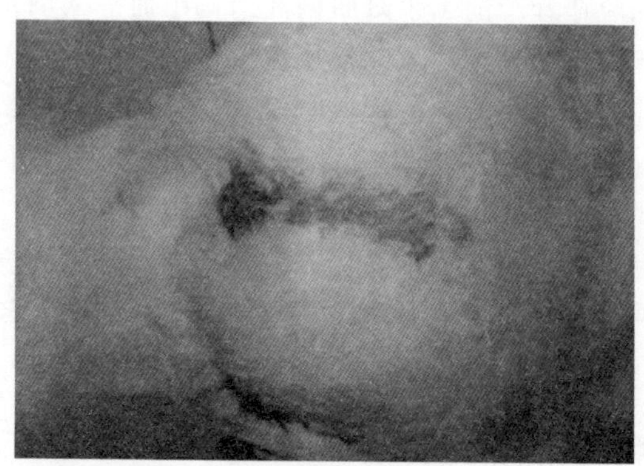

图 5. 33　泄殖腔周围被黄绿色稀粪污染

（三）病理变化

剖检可见肝、脾肿大，表面和实质有大小不等的白色坏死灶。心冠脂肪出血，心肌变性。十二指肠、空肠、回肠出血、坏死，结肠见豆状大小溃疡。腺胃乳头与黏膜及肌胃交界处有出血。胰腺出血（图 5. 34）。口腔黏液较多，喉头出血，食道黏膜有芝麻大小灰白色或淡黄色结痂，易剥离。

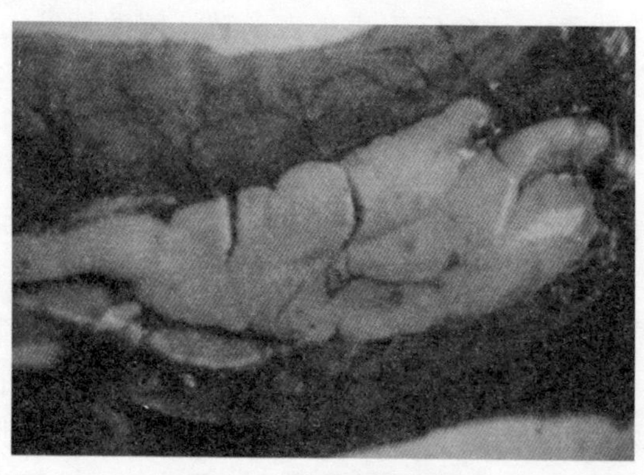

图 5. 34　胰腺上的出血点

（四）防制措施

对鸭群立即接种鸭副黏病毒疫苗，每只肌内注射 0.5~2 毫升；发生副黏病毒病时，易并发大肠杆菌病，应加强对大肠杆菌病的预防和治疗；对鸭棚舍、用具、场地应彻底消毒。

第二节　鸭常见细菌性疾病的防制

一、鸭大肠杆菌病

鸭大肠杆菌病是由大肠杆菌引起的一种急性败血性传染病，故而又名鸭大肠杆菌败血症。

（一）病原与流行病学

大肠杆菌是革兰氏染色阴性、两端钝圆的小杆菌（图 5.35）。不形成荚膜，具有周身鞭毛，能运动。对外界环境的抵抗力不强。50℃ 30 分钟、60℃ 15 分钟即可死亡。一般常规消毒药物能在短时间内将其杀死。

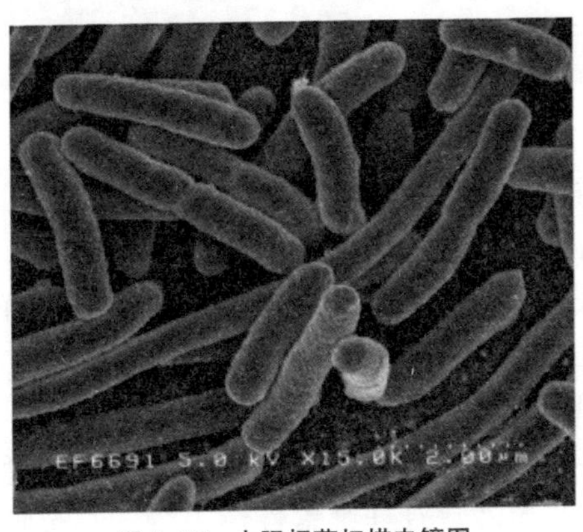

图 5.35　大肠杆菌扫描电镜图

各个日龄的鸭均可发生，尤以2~6周龄的小鸭或中鸭多发。本病一年四季均可发生。以冬、春寒冷和气温多变季节多发，与应激因素关系密切。

（二）临床症状

雏鸭和中鸭精神沉郁，羽毛松乱，怕冷。常挤成一堆。不断尖叫。下痢，粪便稀薄、恶臭，带白色黏液或混有血丝、血块和气泡（图5.36），一般呈青绿色或灰白色，肛门周围羽毛沾满粪便，干涸后使排粪受阻。食欲减退或废绝，渴欲增加。呼吸困难，最后衰竭窒息死亡。

图5.36　下痢，粪便稀薄、带白色黏液

成年鸭病程发展比较缓慢，表现为精神沉郁、喜卧、不愿走动，站立或行走时腹部有明显的下垂感。种（蛋）鸭表现为鸭群产蛋下降或达不到预期的产蛋高峰，或出现产软壳蛋、薄壳蛋、小蛋、粗壳蛋、无壳蛋等。

（三）病理变化

本病主要表现纤维素性心包炎、肝周炎、气囊炎、腹膜炎。心包腔积液，心包液常有纤维素性渗出物，心包膜混浊、增厚，

呈灰白或灰黄色。心尖部有灰白色坏死灶。气囊膜增厚、混浊，表面附着纤维素性膜或黄白色干酪样渗出物（图 5. 37）。肝脏呈不同程度肿大，肝被膜表面有一层厚度不一的纤维素性薄膜覆盖（图 5. 38），薄膜易剥离，肝表面可见暗灰白色、不突出的小坏死点。从病鸭的心血、肝、脾中容易分离到致病性大肠杆菌。产蛋鸭还表现卵黄性腹膜炎，卵黄性腹膜炎主要发生在开产前的母鸭或正在产蛋的母鸭，腹腔内充满蛋黄碎片或干酪样物（图 5. 39）。

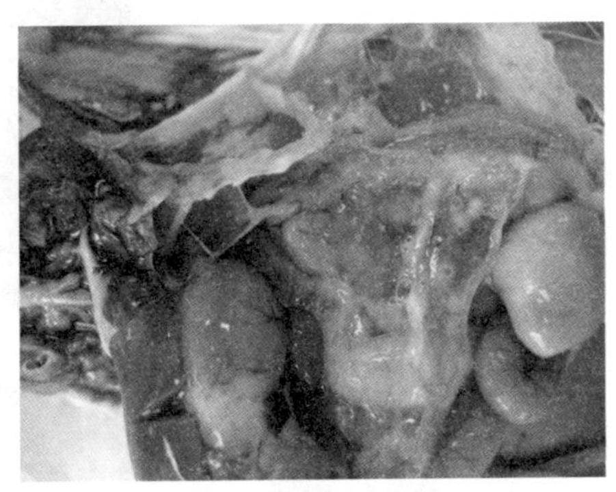

图 5. 37　气囊增厚、混浊，有黄白色渗出物

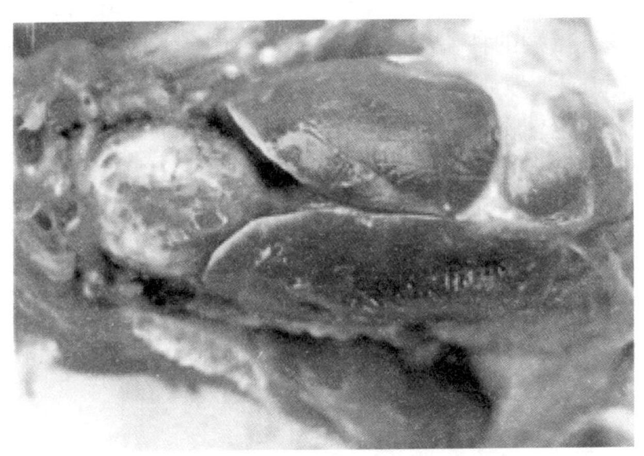

图 5. 38　心包、肝表面覆盖纤维素性薄膜

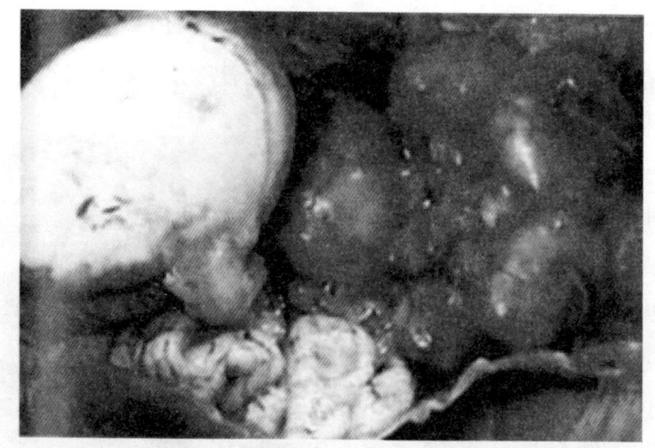

图 5.39　卵巢肿胀，破裂，腹腔内充满蛋黄碎片

（四）诊断与防制

1. 诊断　本病可根据发病鸭的日龄、临床症状、剖检病变做出初步诊断，但确诊要进行细菌的培养鉴定。

2. 防制　加强鸭群的饲养管理，严格防疫卫生管理制度，从无大肠杆菌病的种鸭场引进种蛋或雏鸭。种蛋、孵化室和有关器具可用0.1%强力消毒灵或0.03%百毒杀液等消毒。接种多价大肠杆菌灭活苗，做好预防工作。

大肠杆菌对多种抗菌药物都敏感。如庆大霉素、新霉素、氟哌酸、卡那霉素、强力霉素等。但随着抗生素的广泛应用，耐药菌株也越来越多，而各地分离的菌株，即使是同一个血清型，对同一种药物的敏感性也有很大的差异。因此，在治疗之前，最好先用分离株做药敏试验，然后选用高度敏感的药物进行治疗，才能收到较好的效果。

二、鸭传染性浆膜炎

鸭传染性浆膜炎又名鸭疫巴氏杆菌病、新鸭病或鸭败血病，是由鸭疫里默杆菌引起的侵害雏鸭的一种慢性或急性败血性传染病。

(一) 病原与流行病学

病原鸭疫里默杆菌为革兰氏阴性小杆菌，无芽孢，不能运动，瑞氏染色菌体两端浓染，墨汁负染见有荚膜（图 5.40）。根据琼脂扩散试验本菌分为 8 个血清型，彼此间无交叉免疫保护性。本菌对理化因素的抵抗力不强，对多种抗生素敏感，但对某些抗生素容易产生抗药性，如庆大霉素等。

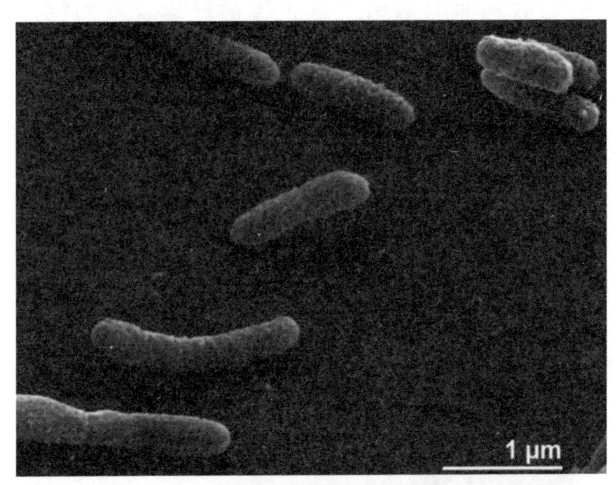

图 5.40　鸭疫里默杆菌扫描电镜图

本病主要感染鸭。在自然情况下，以 2~3 周龄鸭最易感。1 周龄内和 8 周龄以上不易感染发病。在污染鸭群中，感染率很高，可达 90%以上，死亡率在 5%~80%。

低温、阴雨和潮湿的冬、春季节易发，育雏舍鸭群密度过大，空气不流通，地面潮湿，卫生条件不好，饲料中蛋白质水平过低，维生素和微量元素缺乏以及其他应激因素等均可促使本病的发生和流行。本病常与大肠杆菌病、禽霍乱、沙门杆菌病、葡萄球菌病等并发。

（二）临床症状

最急性病例常无任何症状突然死亡。急性病例的临床表现有精神沉郁，缩颈，嗜眠，喙拱地，腿软，不愿走动，行动迟缓，共济失调，食欲减退或不思饮食。眼有浆液性或黏液性分泌物，常使两眼周围羽毛粘连脱落（图 5.41）。鼻孔中也有分泌物，粪便稀薄，呈绿色或黄绿色（图 5.42），部分雏鸭腹胀。死前有痉挛、摇头、背脖和伸腿呈角弓反张等神经症状，抽搐而死（图 5.43）。病程一般为 1~2 天。

图 5.41　眼周围羽毛粘连脱落

4~7 周龄的雏鸭，病程可达 1 周以上，呈急性或慢性经过，主要表现为精神沉郁，食欲减少，肢软卧地，不愿走动，常呈犬坐姿势，进而出现共济失调，痉挛性点头或摇头摆尾，前仰后翻，呈仰卧姿态，有的可见头颈歪斜，转圈，后退行走，病鸭消瘦，呼吸困难，最后衰竭死亡。

图 5.42　病鸭粪便稀薄，呈黄绿色

图 5.43　雏鸭死后痉挛、背脖和伸腿，角弓反张

（三）病理变化

本病最主要的肉眼病变特征是浆膜出现不同程度的纤维素性渗出，以肝脏表面、心包膜、气囊壁为常见。

1. 最急性型　常见不到明显的肉眼病变。

2. 急性型 心包膜增厚、混浊，心包膜的脏层即心外膜表面常可见覆盖一层灰白色或灰黄色的纤维素性渗出物（图 5.44）。心包液明显增多。其中混有数量不等的白色絮状纤维素性渗出物。脾脏常见肿大，呈红灰色斑驳状；或肿胀不明显，表面有灰白色坏死点。肝脏肿大，呈棕红色，表面覆盖一层灰白略带黄色的纤维素性薄膜（图 5.45）。

图 5.44　体腔浆膜上有纤维素性渗出物

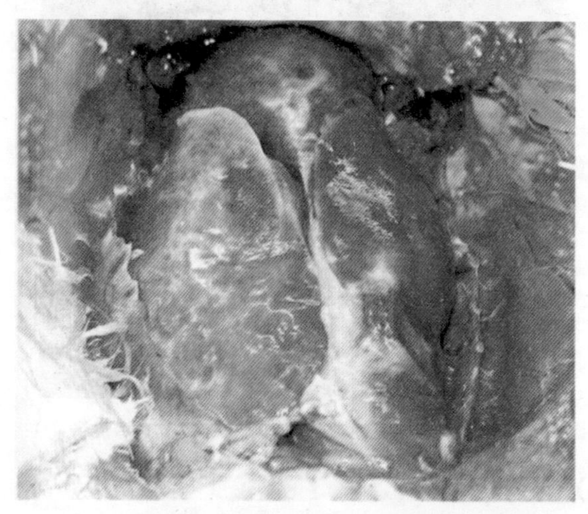

图 5.45　肝脏肿大，棕红色，表面覆盖纤维素性膜

3. 亚急性型或慢性型 有些慢性病例常可见到病鸭单侧或两侧跗关节肿大。关节液增多，较多病例发生关节炎。

（四）诊断与防制

1. 诊断　根据流行病学、临床症状、病理变化进行综合分析，可以做出初步诊断。如果要进行确诊，可采取镜检和细菌培养等实验室手段。

2. 防制　加强饲养管理，注意鸭舍通风、环境干燥、清洁卫生，经常消毒，采用全进全出的饲养制度。甲砜霉素药物等对该病有良好的防制效果。在雏鸭易感日龄，饮水中添加0.2%~0.25%的磺胺二甲基嘧啶或饲料中加入0.025%~0.05%的磺胺喹噁啉，可预防并降低死亡率。发病后可以选用氟苯尼考，按每千克体重20~30毫克用药。或者选用强力霉素、环丙沙星等药物治疗。

可以分离本场流行菌株的血清型，选用同型菌株的疫苗或者多价抗原组成的灭活苗，具有较好的防制效果。

三、鸭坏死性肠炎

鸭坏死性肠炎（烂肠病）是由魏氏梭菌引起的一种急性非接触性传染病，本病以小肠后端黏膜坏死为特征。

（一）病原与流行病学

魏氏梭菌是对厌氧条件不十分严格的革兰氏染色阳性菌，能产生荚膜，不易见芽孢，无鞭毛（图5.46）。该菌在土壤、粪便、灰尘、垫草和饲料中都有存在，很多禽类盲肠自然存在该菌，在小肠很少见。A型或C型魏氏梭菌产生的毒素是直接致病因素，毒素导致小肠黏膜坏死、脱落和出血，有“烂肠病”之称。本病一年四季均可发生，当鸭群处于应激或者肠道营养突然改变时容易诱发本病，多发生于种鸭，雏鸭少见。发病率和死亡率不高。

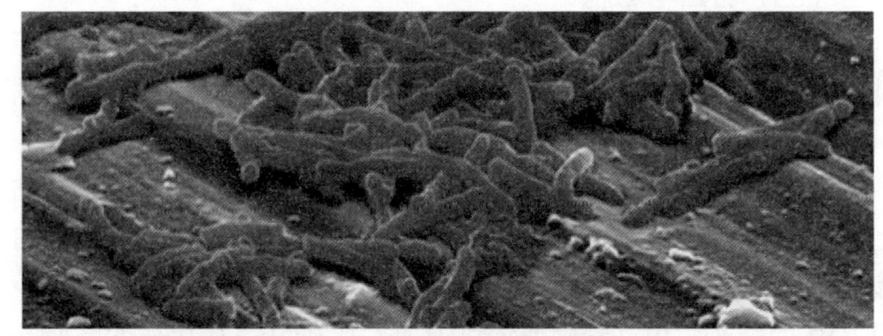

图 5.46　魏氏梭菌扫描电镜图

（二）临床症状

鸭病初食量无明显下降，也见不到明显的症状，常常突然死亡。随着病程延长，表现为严重的精神沉郁，食欲降低，不愿移动，羽毛粗乱，腹泻，粪便呈红褐色乃至黑色煤焦油样，有时见到脱落的肠黏膜组织。严重病例表现为胸肌萎缩，贫血，最后以高度衰竭而死亡。

（三）病理变化

本病主要的病变是坏死性肠炎（图 5.47）。外观肠管变黑红坏死（图 5.48）。病鸭死后见空肠、回肠及部分盲肠肠壁质脆，肠管扩张，呈苍白色，易破裂，内含多量血染液体，有些病例有黄色颗粒样碎块。病程较长的严重病例，见空肠和回肠黏膜覆盖一层黄褐色恶臭的纤维素性渗出物，有时呈糠麸状。剥去覆盖

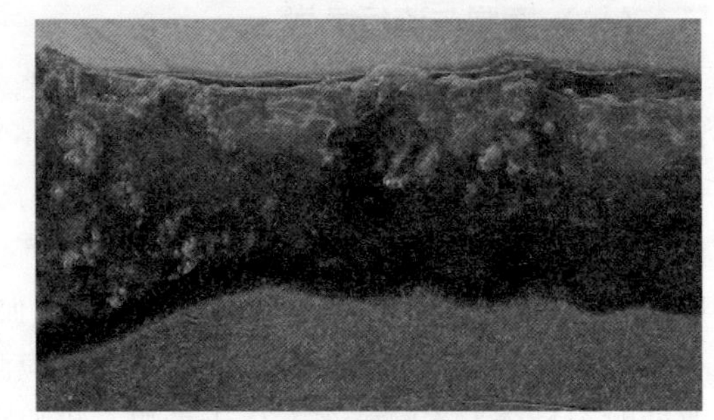

图 5.47　出血坏死性肠炎

物，见黏膜有大小不等、形态不一的坏死灶和溃疡面。这种溃疡面有时深入到肌肉层，上面被覆一层假膜。有些患病母鸭输卵管内常有干酪样物质堆积，卵泡充血、出血（图 5.49）。

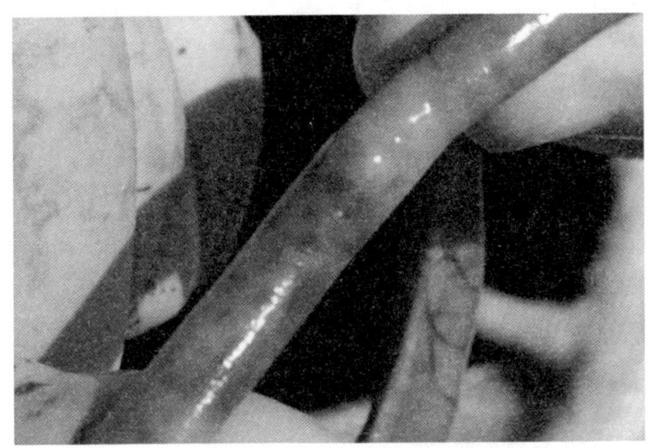

图 5.48　肠管变黑红坏死

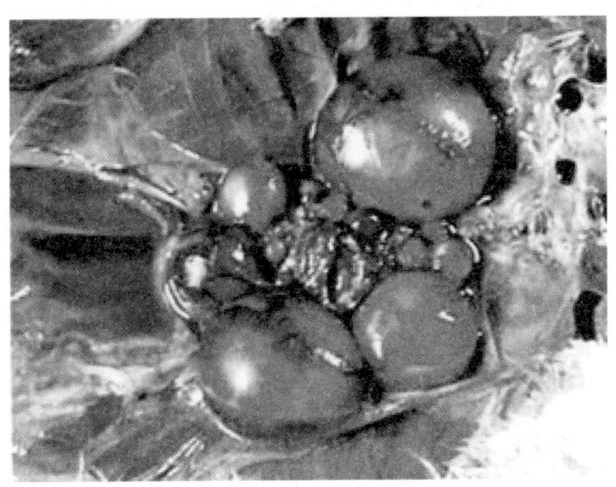

图 5.49　卵泡充血、出血

（四）诊断与防制

1. 诊断 本病可根据临床症状、特异性肠管坏死病理变化做出初步诊断。确诊需要进行实验室检验。

2. 防制 本病以预防为主，除加强饲养管理、搞好鸭舍清洁卫生及消毒工作外，还需注意不要突然转换饲料以减少消化道应激。应预防和及时治疗肠道疾病。及时消除球虫病，防止肠黏膜损伤。饲料中经常不定期添加微生态制剂。

一些抗生素促生长药物如维吉尼亚霉素、杆菌肽、阿伏霉素、林可霉素、氧四环素等具有一定抗该菌的效果。

抗球虫药物也是预防坏死性肠炎有效的药物，特别是离子载体类药物。在没有产生耐药性的前提下，青霉素类药物饮水具有很好的治疗效果。

四、鸭沙门杆菌病

鸭沙门杆菌病，又名鸭副伤寒，多发生在幼鸭，6 周龄以下更易感，是由沙门杆菌属的细菌引起鸭的急性或慢性传染病。本病可以通过种蛋垂直传播，雏鸭感染发病时常出现大批死亡，成年鸭常成为带菌者。

（一）病原与流行病学

引起鸭发生副伤寒的最常见的沙门杆菌是鼠伤寒沙门杆菌和肠炎沙门杆菌。本菌对热和消毒药的抵抗力很弱，在 60℃下 5 分钟即死亡。-20℃可生存 3 个月。石炭酸和甲醛溶液对本菌有较强的杀伤力。主要是 1~3 周龄雏鸭发病。成年鸭可被感染，但不表现临床症状。

（二）临床症状

急性病鸭表现为下痢，病初粪便呈稀粥样，后为绿色或黄色水样，恶臭，有时带有白色黏液或混有血丝、小血块和气泡，肛门周围有粪便沾污，干涸后常阻塞肛门，导致排粪困难。

全身出现颤抖，走路摇摆，接着发生平衡障碍等神经症状，站立不稳，常突然跌倒。上述症状若发生在水域中，病鸭死前背向下，脚朝天，形如翻船，故称“翻船病”；若发生在陆地，则倒地，两脚做划船动作，死前呈角弓反张。慢性型则表现为精神不振，食欲减退，粪便稀软，严重时下痢带血，极度消瘦，关节肿大，跛行或轻瘫，甚至麻痹。病愈鸭常为带菌者。

成年鸭感染沙门杆菌后，不表现明显的临诊症状。呈隐性感染状态。但可经粪便排菌污染环境，导致本病的传播。产蛋母鸭感染本病后，部分病例突然产蛋停止。

（三）剖检变化

刚出壳不久就死亡的雏鸭，大都是卵黄吸收不良，脐部发炎，卵黄黏稠、色深、肠黏膜充血、出血。较大年龄死亡的幼鸭，尸体失水、消瘦。肝脏肿大，边缘钝圆（图 5.50），肝实质常有细小的灰黄白色坏死灶，即所谓的副伤寒小结节。有些病例在肝脏还可见有条纹状或点状出血。胆囊肿胀，充满胆汁。肠黏膜充血、出血（图 5.51），在肠浆膜表面也可见到大量灰白色节瘤状结节。气囊混浊，常有黄色纤维素性渗出物。

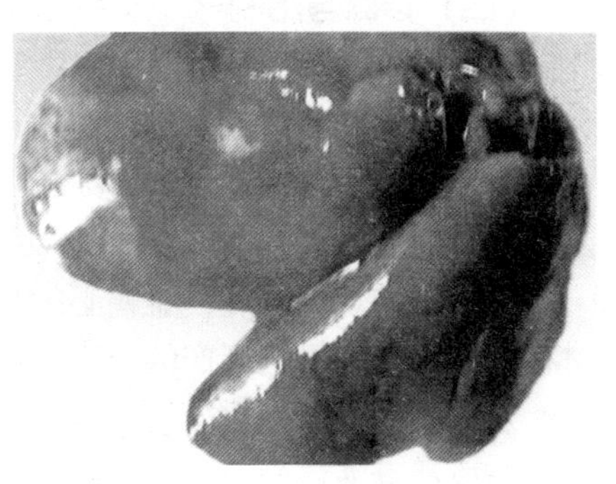

图 5.50　肝脏肿大，有灰黄白色坏死灶

慢性病例常见有肠黏膜坏死，在坏死的淋巴滤泡处形成灰黄色或淡棕色的痂。脾、肝及肾脏肿大。心脏有坏死小结节。肺出现局灶性炎症。母鸭可见卵巢及输卵管发生变形和发炎，有时可发现腹膜炎。成年病鸭腿部常发生关节炎。

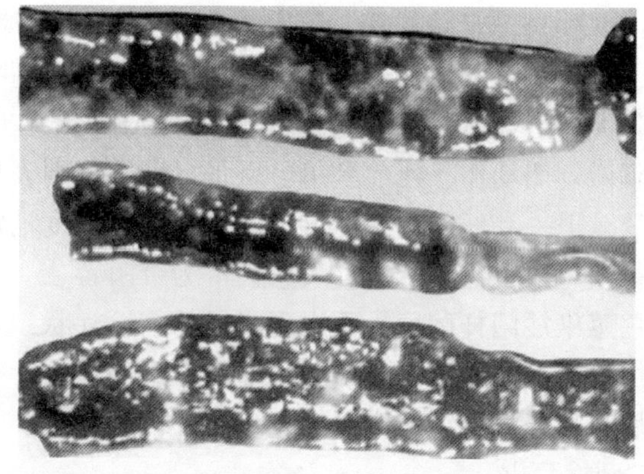

图 5.51 肠黏膜充血、出血

(四) 诊断与防制

1. 诊断 本病根据流行病学、临床症状和剖检变化，综合分析后可做出初步诊断。确诊需进行病原分离和鉴定。

2. 防制 鸭舍和运动场要定期消毒，冬季注意防寒保暖，夏季要避免地面潮湿。

加强雏鸭饲养管理，雏鸭必须与成年鸭分开饲养，以防患病时相互感染。病母鸭所产的蛋不能留作种用。

及时收集种蛋并清除表面污物，入孵前进行消毒（用福尔马林熏蒸或消毒液浸泡）。孵化和出雏用具必须保持清洁，定期消毒。

常用抗生素均可产生良好的治疗效果，如强力氨苄、氟苯尼考、头孢、丁胺卡那霉素等。

五、鸭葡萄球菌病

鸭葡萄球菌病是由金黄色葡萄球菌引起的一种急性、败血性或慢性传染病，禽类感染部位多在骨骼、腱鞘和腿关节，其他地方也可以发生感染。

（一）病原与流行病学

本病病原是金黄色葡萄球菌，为革兰氏染色阳性的圆形或卵圆形球状菌，常由很多球菌相连在一起形成葡萄串状，无鞭毛（图 5.52），不产生芽孢，是对外界的抵抗力最强的细菌之一。

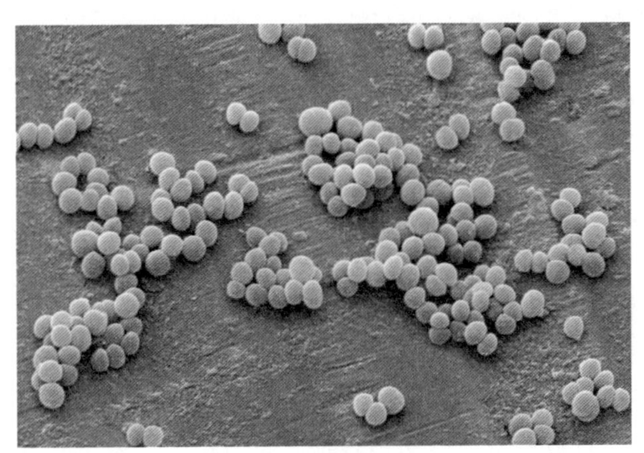

图 5.52　金黄色葡萄球菌

本病一年四季均可发生，以雨季、潮湿时节发病较多。饲养管理不善及缺乏严密的卫生消毒制度，是促使本病发生和死亡率增高的不可忽视的因素。皮肤损伤处是本病病原体主要侵入门户，也是重要传染途径，如注射疫苗造成的污染、网刺、刮伤和扭伤均可成为本病发生的诱因。

（二）临床症状

由于病原菌侵害的部位不同，在临床上表现为多种类型。

1. 急性败血型　幼鸭表现为精神不振，食欲减退或废绝，两翅下垂，缩颈，眼半开半闭呈嗜眠状，羽毛松乱，排出灰白色或黄绿色稀粪。还可见到鸭的胸、腹部、大腿内侧皮下水肿，滞留数量不等的血样渗出液，严重者可自然破溃，流出棕红色液体，污染周围羽毛。

2. 慢性关节炎型 鸭患病后表现为多个关节由于发生炎症而引起肿胀，特别是跗关节和趾关节，这种炎性水肿还波及关节周围的肌腱鞘，患部呈紫红色或紫黑色，若已破溃，可见干酪样黄白色坏死物，经一段时间后结成污黑色痂。此病型常见于中鸭和成年鸭，病鸭初期局部发热，肿胀部位发软，站立时频频抬脚，驱赶时则表现为运动障碍，跛行，不愿走动或站立，多伏卧。一般仍有食欲。随着病情的发展，病部疼痛行动不便，采食困难，病鸭逐渐消瘦，最后衰竭或并发其他疾病而死亡。

3. 脐炎型 主要发生于雏鸭，尤以1~3日龄多见。由于脐部未完全闭合，感染葡萄球菌后引起脐炎，雏鸭脐孔发炎而肿胀。腹部膨大，局部呈黄红色或紫黑色，质稍硬，间有分泌物，俗称“大肚脐”。雏鸭表现为精神不振，眼半闭，翅膀下垂而张开，一般在2~5天内死亡。脐孔感染其他细菌也可发生脐炎。

（三）病理变化

1. 急性败血型 以幼鸭多发，病鸭死亡的病变可见肝脏肿大，淡紫色或黄绿色，表面呈斑驳状。病程稍长者，可见数量不等的灰白色坏死点或有出血点。脾脏肿大并有白色坏死点，有些病例肺呈黑红色。死鸭的胸部、前腹部羽毛稀少或脱毛。皮肤水肿，紫黑色，皮下积有大量胶冻样粉红色或黄红色水肿液，往往可延至两腿内侧、后腹部，若属自然破溃的，则极易造成局部受污染，剪开皮肤可见到整个胸、腹部皮下充血、溶血。弥漫性紫红色或黑红色。心包腔积液，呈黄红色半透明状，心冠沟脂肪及心外膜偶见出血点。

2. 慢性关节炎型 以成年鸭为主，常表现为关节炎，关节囊内有浆液性或纤维素性渗出物。多见于趾、跗关节，表现出关节肿大。滑膜增厚、充血或出血。病程较长的病例，则变成脓性和干酪样黄色坏死物，甚至关节周围结缔组织增生及畸形。

3. 脐炎型 多见于雏鸭，病鸭脐部肿大，呈紫黑色或紫红

色，有暗红色或黄红色液体，时间稍久则为脓样干涸坏死物，卵黄吸收不良，稀薄如水。

（四）诊断与防制

1. 诊断 根据流行病学、临床症状和剖检变化，综合分析后可做出初步诊断。确诊需进行病原分离和鉴定。

2. 防制 加强鸭群饲养管理，防止异物性外伤。从种鸭产蛋环境开始做好各个环节的清洁卫生消毒工作，防止异物刺伤或接种疫苗时刺伤皮肤。种公鸭应断爪，运动场内要清除铁钉、铁丝、破碎玻璃等尖锐异物及细丝线、棉线等，防止鸭掌被刺破或鸭腿被缠绕受损伤而感染。接种疫苗时，应选用适当孔径的注射针头，减少损伤面，同时要做好局部消毒工作。

可以选用庆大霉素、红霉素、甲砜霉素、氟甲砜霉素和卡那霉素等进行治疗。

六、鸭巴氏杆菌病

鸭巴氏杆菌病又称鸭霍乱、鸭出血性败血症，是由多杀性巴氏杆菌中的 A 血清型菌株所引起的急性、败血性传染病。

（一）病原与流行病学

多杀性巴氏杆菌革兰氏染色阴性，有荚膜，不形成芽孢，无运动性，染色时两端浓染（图 5. 53），在血清琼脂平板培养基上培养后呈白色露珠样（图 5. 54）。本菌对物理和化学因素的抵抗力比较弱。

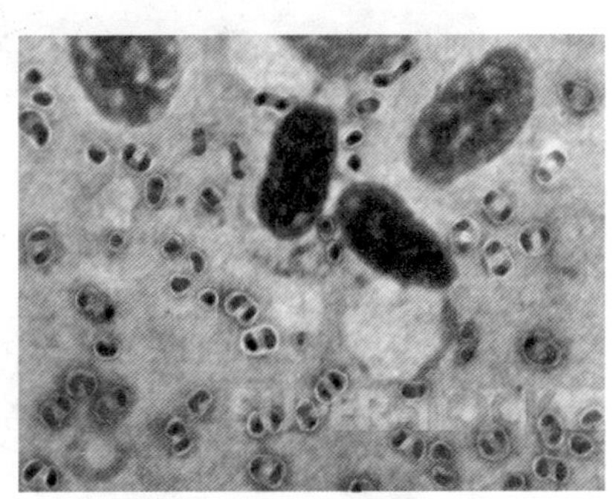

图 5. 53 巴氏杆菌两端浓染

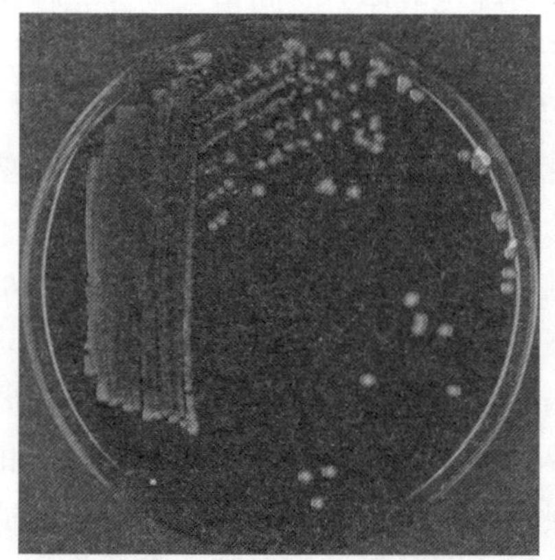

图 5. 54　培养后呈白色露珠样

本病流行无明显的季节性。各种日龄的鸭均可感染发病。成年鸭发病较多，幼鸭较少发生。肥胖和产蛋多的母鸭发病后的死亡率较高（图 5. 55）。气温较高的七八月份、多雨潮湿、天气骤变、饲养管理不良等多种因素，都可促进本病的发生和流行。

图 5. 55　禽霍乱可以造成大批鸭死亡

（二）临床症状

本病潜伏期为 2~9 天。按病程一般分为最急性型、急性型和慢性型三种。

1. 最急性型　病例常无前驱症状，可在奔跑中或在交配时突然倒地，扑动翅膀即死亡。有时见母鸭蹲在窝内产蛋，蛋产出后母鸭也死亡，或者晚间一切正常，食得很饱，次日早晨即发现不少鸭死亡。

2. 急性型　病鸭精神呆钝，离群独处，尾、翅下垂，头隐伏翅下，打瞌睡，停止鸣叫，行动缓慢，不愿下水嬉戏。体温升高至 42.5~43.5℃，渴感增强，食欲减少或废绝。从鼻和口中流出黏液。呼吸困难，表现张口呼吸，病鸭往往摇头。剧烈下痢，拉出绿色和灰白色或淡绿色的稀粪，有时混有血丝或血块，味恶臭，肛门周围的羽毛被稀粪沾污。下颌肿大。病鸭常在发病后 1~2天内死亡，死亡率颇高。耐过急性型的鸭可转为慢性型。母鸭群感染本病后，产蛋量下降，薄壳蛋增多。

3. 慢性型　呈进行性消瘦、贫血和持续性腹泻。食欲减退，渴感增加。有些病鸭一侧或两侧脚部关节肿胀、发热、疼痛、行走困难、跛行或完全不能行走。穿刺关节肿胀部位时见有暗红色液体，病程较长者则局部变硬，切开见有干酪样物。病程常为几周至 1 个月以上，死亡率高达 50%~80%。

（三）病理变化

1. 最急性型　常无明显的病理变化，有时只见心冠沟脂肪有少数出血点，肝脏有少量针尖大、灰白色、边缘整齐的坏死病灶。

2. 急性型　病理变化较为典型，呈现败血症变化（图 5.56）。心冠沟脂肪、皮下组织、腹腔脂肪、胃肠黏膜和浆膜等有小出血点或出血斑。肠管中以十二指肠的病变最明显，呈现急性卡他性或出血性肠炎。肠内容物混有血液。黏膜表面常覆盖一

层黄色纤维素性渗出物。盲肠黏膜有小溃疡面。心包腔内常充满透明的橙黄色渗出液，遇空气后不久即凝结，呈胶冻状。严重病鸭的心冠沟脂肪和心肌有大面积出血。肝脏稍肿大，表面散布数量不等、灰白色、针尖大小及边缘整齐的坏死点（图 5. 57），肝脏这一病变具有特征性。脾稍肿大，质地比较柔软。肺出血，呈红黑色。腹部皮下脂肪出血。脑充血、出血。

图 5. 56　病鸭体腔呈现败血症变化

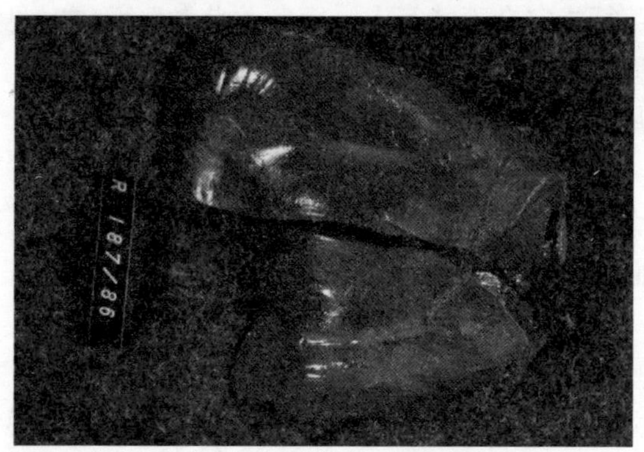

图 5. 57　肝脏肿大，有白色坏死点

3. 慢性型 在以呼吸系统症状为主的病例中，可见鼻腔、鼻窦内以及气管呈卡他性炎症，或见肺脏局部硬变。有的病例见关节炎和腱鞘内蓄积一种混浊或干酪样的渗出物。雏鸭多发生关节炎的病理变化，见关节囊增厚，关节面粗糙，附着黄色的干酪样物质，关节腔内含红色浆液，或含灰黄色、混浊的黏稠液体。心肌有坏死病灶，肝发生脂肪变性，呈现黄色和局部坏死。

(四) 诊断与防制

1. 诊断 根据流行病学、剖检特征、临床症状可以做出初步诊断，确诊需无菌手术采取病鸭血涂片，肝脾触片经美蓝、瑞氏或姬姆萨染色，镜检如见到大量两极浓染的短小杆菌，有助于诊断。进一步的诊断须经细菌的分离培养及生化反应。

2. 防制

(1) 综合措施：加强饲养管理，消除降低机体抵抗力的因素。保持好鸭场、鸭舍的环境卫生，定期严格消毒。

(2) 预防接种：禽霍乱 G190E40 活疫苗预防禽霍乱，可用于 3 月龄以上的鸭。用本菌苗接种后 3 天即可产生免疫力，免疫期为 3.5 个月，在有禽霍乱流行的场所，可每 3 个月预防接种 1 次。

(3) 发病后的措施：如发生本病，立即对鸭群进行封锁、隔离、检疫和消毒。

对假定健康鸭，用禽霍乱抗血清进行紧急预防注射。

鸭群发病应立即采取药物治疗措施，有条件的地方应通过药敏试验选择有效药物全群给药。磺胺类药物、红霉素、庆大霉素、环丙沙星、恩诺沙星均有较好的疗效。在治疗过程中，剂量要足，疗程合理，当鸭死亡明显减少后，再继续投药 2~3 天以巩固疗效，防止复发。但是，另外长期用药，细菌会产生抗药性，必须增量或更换新药。

第三节　鸭其他感染性疾病

一、水禽曲霉菌病

水禽曲霉菌病是水禽的一种常见的真菌病，又名霉菌性肺炎。多种禽类和哺乳动物均可感染。在鸭主要发生于幼龄鸭，多呈急性经过，发病率很高，造成大批死亡。成年鸭多为散发。本病在我国南方较多发生，北方多见于地面育雏的鸭群。

（一）病原与流行病学

最常见且致病性最强的为烟曲霉菌，其孢子在自然界分布较广泛，常污染垫料及饲料（图 5.58）。除此之外，也可能由其他曲霉引起感染，如黄曲霉、黑曲霉、构巢曲霉等。

图 5.58　烟曲霉及在鸡蛋内形成的霉斑

致病性曲霉菌能产生蛋白溶解酶和具有溶血特性的内毒素。病原体对外界具有显著的抵抗力。干热 120℃ 经 1 小时，煮沸 5

分钟方可杀死。消毒药如 2.5%福尔马林、水杨酸、碘酊需经 1~3 个小时方能灭活。

各种禽类均能感染，以雏鸭常见，发病多为群发性和急性经过，出壳后 2 天内的雏鸭最易感，5~7 日龄时发病率达到高峰，死亡率可达 50%以上。本病暴发常因饲料或垫料发霉所致。在孵化过程中的胚蛋，亦可由霉菌的菌丝体穿透蛋壳，特别是进入气室内而使胚胎感染，孵出的雏鸭即出现病状。梅雨季节本病较多见。成年鸭感染发病一般为散发，呈慢性经过，死亡率较低。

（二）临床症状

潜伏期 3~10 天，急性病例发病后 2~3 天内死亡。主要发生于雏鸭，病鸭食欲减少或不食，呼吸困难，伸颈张口，喘气，精神抑郁，缩头闭眼，口腔、鼻腔流出黏液性分泌物，有时呼吸时发出特殊的沙哑声，打喷嚏，食欲减少或拒食，渴欲增加，羽毛蓬松，两翅下垂，对外界反应淡漠。常见有胃肠道活动紊乱症状，下痢，急剧消瘦和死亡，死亡率可达 50%~100%。慢性型症状不明显，主要呈现阵发性喘气，食欲不良，下痢，逐渐消瘦以致死亡。

（三）病理变化

死于急性病例者，腹腔、肺脏、气囊均散在数量不等、米粒大小的黄白色结节（图 5.59），结节的硬度似橡皮，切开呈同心圆轮层状结构，中心为干酪样坏死组织，气管黏膜充血，肝脏瘀血和脂肪变性。

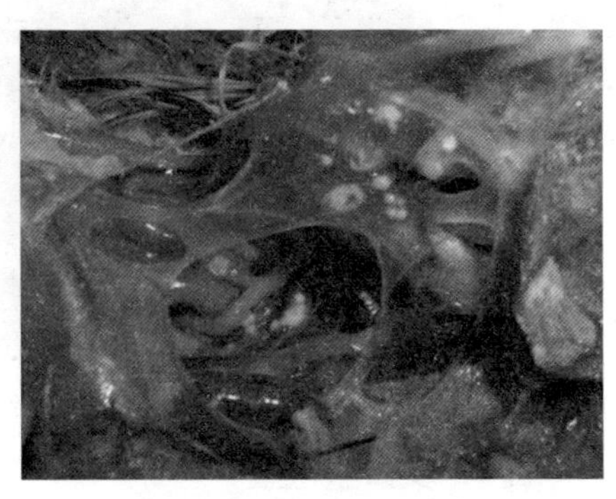

图 5.59　气囊散在数量不等、米粒大小的黄白色结节

慢性型病例，见有支

气管肺炎变化；肺实质中有大量灰黄色结节（图 5.60），切面呈干酪样团块，这种结节在胸部的气囊也可见到。部分胸部气囊和腹部气囊膜上见有厚 2~5 毫米圆碟状中央凹的霉菌菌落或称霉菌斑，有时被纤维素湿润，并呈灰绿色或浅绿色粉状物。体腔内有时也会见有散在的霉斑（图 5.61），此菌落见于鼻腔、眶下窦、喉、气管和胸腹腔浆膜，有时见腹膜炎。

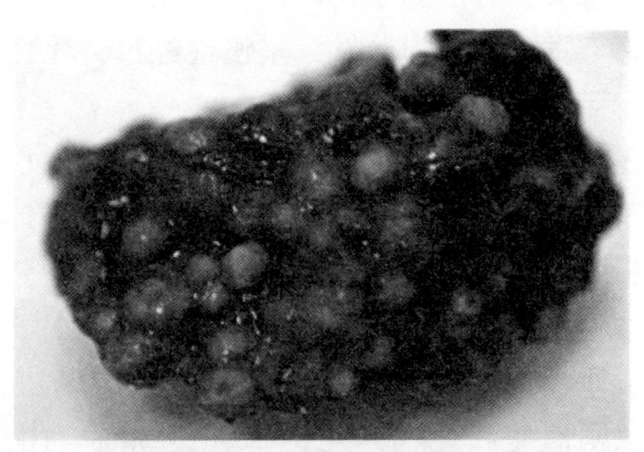

图 5.60　肺实质中有大量灰黄色结节

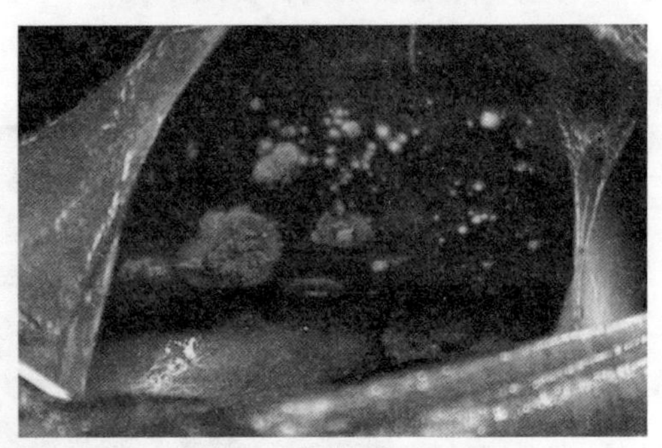

图 5.61　体腔内散在霉斑

（四）实验室检查

直接镜检：取肺部结节中心干酪样组织，置玻片上，加生理盐水 1~2 滴，碾碎压片镜检，可见树枝状菌丝体。

分离培养：将病变肺组织用点种法接种于马铃薯培养基上，37℃培养24小时后，有灰黄色绒毛状菌落，36小时后，菌落呈面粉状，蓝绿色，形成放射状突起，取培养物触片镜检，可见许多孢子小梗，形如葵花状。

菌的鉴定：取一滴乳酸苯酚棉蓝液于载玻片上，挑取少许菌体，置载片的液滴中，并用针将菌丝体分开，勿使成团，加盖玻片，置显微镜下观察。根据其上述形态特征进行鉴定。

（五）防制措施

（1）注意加强饲养管理，搞好环境卫生，特别是鸭舍的通风和防潮。

（2）不用发霉垫草，禁喂发霉饲料。

（3）鸭舍和种蛋在产出后清洗和熏蒸消毒，可用福尔马林熏蒸消毒或0.5%新洁尔灭消毒。

（4）及时发现隔离病雏，霉变饲料和垫草清理后销毁，用1∶2 000硫酸铜消毒鸭舍。并在饲料中加入制霉菌素，按每只日用量3~5毫克拌料喂服，病重时可适当增加药量灌服，每日2次。连续2~3天。以1∶3 000的硫酸铜溶液或0.5%~1%碘化钾液作为饮水，饮水3天，空2天，再饮水3天。

二、禽念珠菌病

禽念珠菌病又称鹅口疮，是由条件性致病菌白色念珠菌引起的上消化道的真菌性传染病，可见于多种家禽和野禽。病鸭生长不良，精神萎靡，闭目，被毛松乱，不愿活动，食欲减退或废绝，嗉囊黏膜增厚呈灰白色，有圆形溃疡，常见伪膜性干酪样斑块。口腔黏膜黄色。

（一）病原与流行病学

白色念珠菌为假丝酵母菌，革兰氏染色阳性，在培养基上形成表面光滑菌落，呈现灰白色或奶牛色（图5.62、图5.63）。

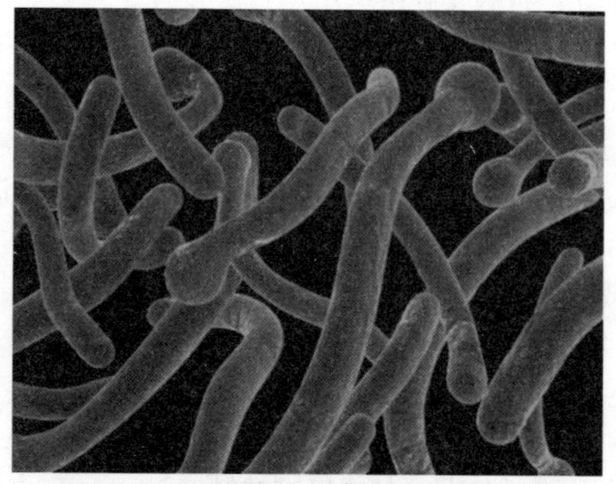

图 5. 62　念珠菌假菌丝扫描电镜图

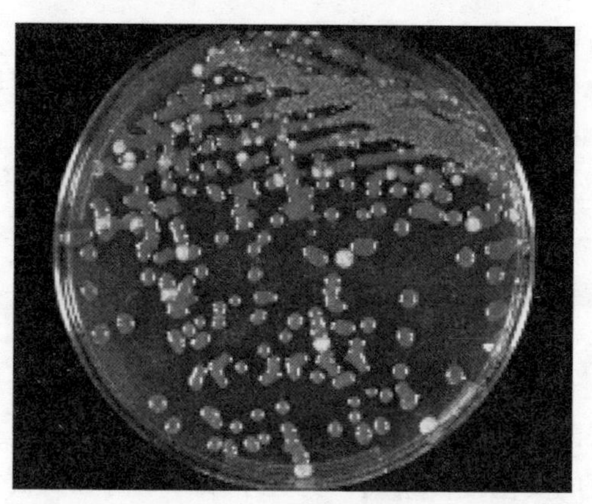

图 5. 63　白色念珠菌菌落

白色念珠菌广泛分布于自然界各种动物体内，禽类与人消化道黏膜上也可经常见到。大多数病例由内源传染引起。机体营养不良、维生素缺乏、长期使用广谱抗生素或皮质类固醇，或各种原因使机体抵抗力降低，均容易诱发本病；填饲鸭，食道容易受伤，为白色念珠菌的感染提供了方便（图 5. 64）。其次，可通过

被粪便污染的饲料与水而经消化道传染。雏鸭的易感性、发病率与致死率均比成年鸭高，4周龄以下的鸭感染后迅速大批死亡，3月龄以上的鸭多数可康复。

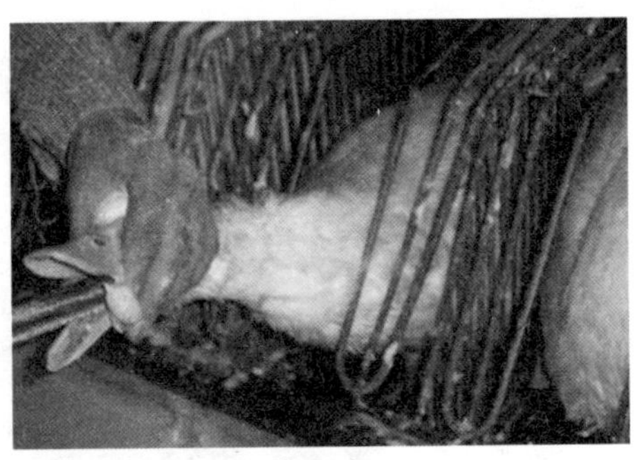

图 5. 64　填饲鸭往往造成年鸭食道损伤，为念珠菌入侵提供方便

（二）临床症状

鸭患病后生长发育不良，精神委顿，羽毛松乱。嗉囊黏膜增厚，上面形成灰白色稍稍隆起的圆形溃疡，溃疡表面常见有伪膜性斑块；食道有黄色伪膜（图 5. 65）。口腔黏膜上常形成黄色、干酪样典型“鹅口疮”。腺胃偶尔也可能受到蔓延，黏膜肿胀、出血，表现覆盖着一种卡他性或坏死性的炎性渗出物（图 5. 66）。

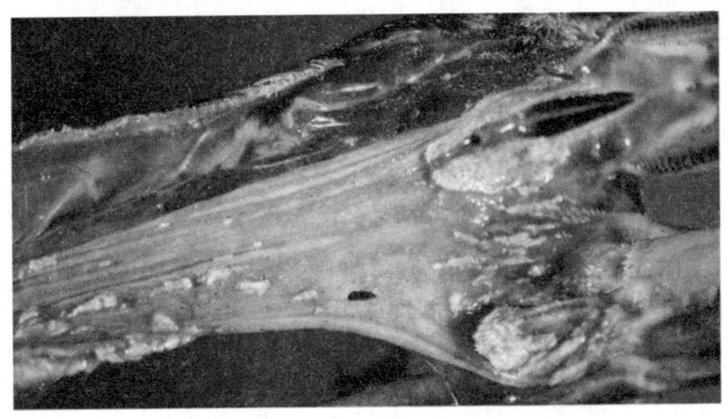

图 5. 65　鸭食道有黄色伪膜

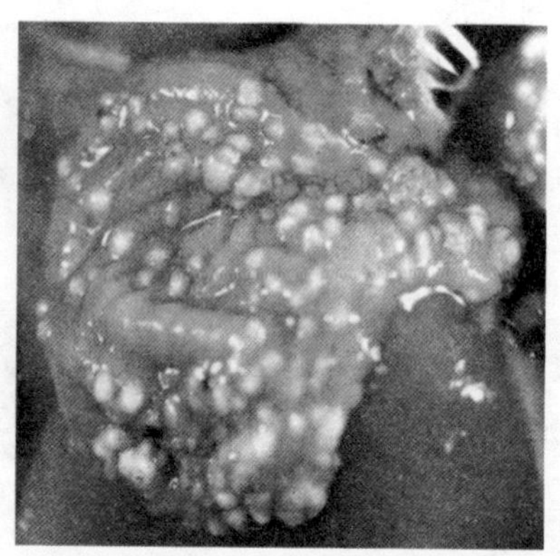

图 5.66　腺胃黏膜有大量白色稍隆起的圆形溃疡

（三）防制措施

（1）搞好鹅舍卫生，种蛋严格消毒。

（2）口腔黏膜溃疡可以涂碘甘油，嗉囊中可以灌入 2%硼酸。在饮水中添加 0.05%硫酸铜治疗有较好效果。饮水中加入碳酸钠，可以升高嗉囊内 pH，创造一个不利于白色念珠菌（喜好酸性环境）生存的环境。

（3）大群鸭按每千克饲料中加制霉菌素 50 万～100 万单位，连用 7～21 天。

三、水禽衣原体病

水禽衣原体病又称鸟疫、鹦鹉热，是由鹦鹉衣原体引起禽的一种急性或慢性接触性传染病。鸭、鹅均可感染，又以雏禽易感性最高。

（一）病原与流行病学

病原鹦鹉衣原体是一类球形或梨形微生物，属性细胞内寄生，只能在易感的动物和细胞培养物内复制，不能运动，为革兰氏阴性，对理化因素和热的抵抗力不强。

鸭等水禽对病原体有较强的抵抗力，一般多呈隐性感染。雏鸭易感性比青年鸭高。当饲养卫生条件差、应激大以及并发感染时，可能引起流行。

（二）临床症状

病鸭精神欠佳，呆立，步伐不稳，行动缓慢。有些鸭关节肿大，跛行，食欲减少或废绝。腹泻，排黄白色或浅绿色稀粪，肛门四周羽毛污秽粘连。眼结膜炎，鼻腔和眼有浆液性或脓性分泌物，眼周围绒毛污秽黏结。有的病禽呼吸困难，张口呼吸。病程长的病鸭消瘦，死前出现神经症状或瘫痪。病鸭群产蛋率大幅度下降，出雏率也下降。

（三）病理变化

病鸭消瘦异常，全身脂肪消失，鼻腔和气管内有多量黏性分泌物。胸腔有多量混浊分泌物，或常混有纤维素性分泌物。腹腔有多量纤维素性分泌物覆盖于脏器，有的器官发生粘连。肝脏肿大，有弥漫性或散在性针头大灰白色坏死点。脾脏肿大。气囊混浊，增厚，有纤维素性分泌物附着。心包腔有多量浆液纤维素性分泌物，心外膜有大小不一出血点。胸部肌肉萎缩。

（四）诊断与防制

1. 诊断　根据本病的流行特点、临床症状和剖检病变可做出初步诊断。确诊须依靠实验室诊断。

2. 防制　水禽衣原体病还没有可应用的疫苗。平时应加强饲养管理和搞好卫生消毒，定期在饲料中添加金霉素能有效地控制本病的发生。

鸭群一旦发现本病，可用金霉素、卡那霉素、庆大霉素、氟苯尼考等药物治疗。

四、水禽支原体感染

水禽支原体感染又称水禽支原体病、水禽传染性窦炎、水禽慢性呼吸道病，是由支原体引起的雏禽慢性传染病。

（一）病原与流行病学

病原支原体为支原体科支原体属（图 5.67）。对环境抵抗力不强，一般消毒药物均可有效灭活。

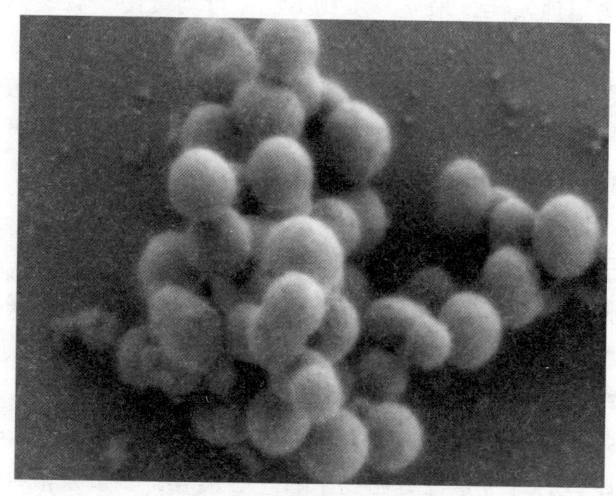

图 5.67　支原体扫描电镜图

本病一年四季均可发生，多发生于 2~3 周龄以内雏禽。发病率和病死率的高低除与日龄有关外，还与日常有无用抗生素药物、有无并发感染、饲养管理、卫生条件以及有无应激等均有关系。

（二）临床症状

雏鸭病初一侧或两侧眶下窦呈隆起肿胀，有波动感，后期肿胀部变硬实（图 5.68）。鼻腔黏膜发炎，有浆液性或黏液性或脓性分泌物流出，或干痂堵塞鼻孔。病鸭有不断甩头或用爪抓鼻部等呼吸不畅症状。眼四周绒毛污染结块。精神欠佳，食欲减少，生长缓慢。在种鸭群引起的主要问题是产蛋量减少和受精率降低，在交配器官的炎症可导致受精率极低。

（三）病理变化

眶下窦充满多量灰白色浆性、黏性分泌物或干酪样分泌物（图 5.69），黏膜充血、水肿、增厚。气囊混浊、增厚。喉头和气管黏膜充血、水肿，有浆性或黏性分泌物。内脏器官无明显肉眼病变。

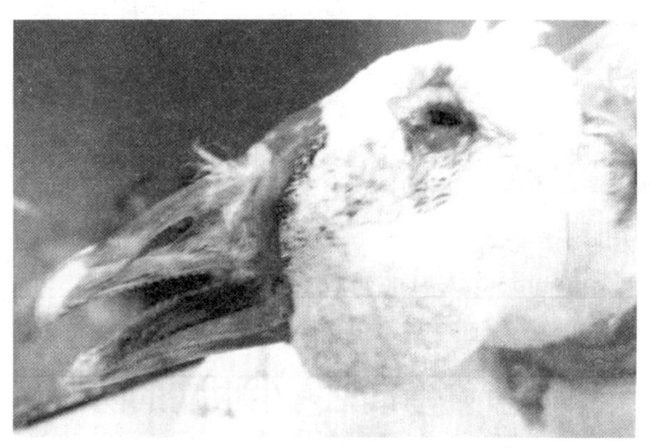

图 5.68　眶下窦肿胀

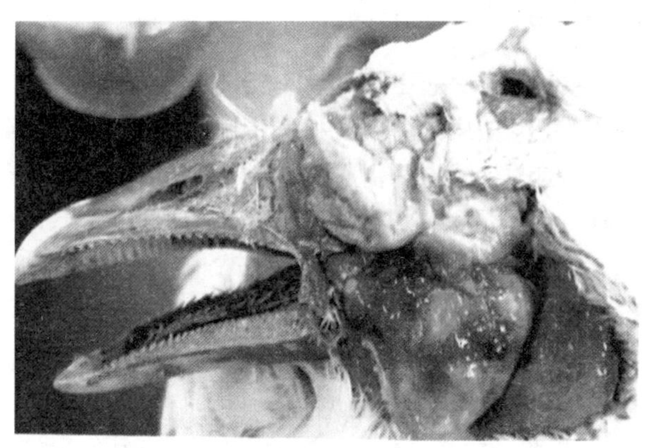

图 5.69　眶下窦充满多量灰白色浆性或干酪样分泌物

幼鸭感染可以导致生长减慢、呼吸系统和气囊感染。

（四）诊断与防制

1. 诊断 根据本病的临床症状和特异性剖检病变可做出初步诊断。确诊须依靠实验室病原分离诊断。

2. 防制 水禽支原体病还没有可应用的疫苗。平时应加强饲养管理和搞好卫生消毒，定期在饲料中添加泰乐菌素能有效地控制本病的发生。

幼鸭的感染源是孵化蛋。本病防控的重要措施是保证幼鸭的祖代和父代来自于无支原体的种群。种蛋孵化前，放入1 500~2 000 毫克/升泰乐菌素溶液中浸泡。

病鸭可用泰乐菌素、强力霉素、土霉素等药物添加饲料或饮水中，一般连用 3~5 天就能有效地控制流行。

第四节 鸭常见寄生虫病的防制

一、鸭绦虫类寄生虫病

（一）鸭矛形剑带绦虫病

鸭矛形剑带绦虫病是由膜壳科剑带属中的矛形剑带绦虫寄生在鸭、鹅等禽类的小肠中而引起的一种寄生虫病。

1. 病原 鸭矛形剑带绦虫呈乳白色，前窄后宽，形似矛头，长 13 厘米，由 20~40 个头节组成。头节小，上有 4 个吸盘，顶突上有 8 个小钩，颈短。睾丸 3 个，椭圆形排列于卵巢内方生殖孔的一侧，生殖孔位于节片上角的侧缘。卵巢呈棒状分支，左右两半，位于睾丸和生殖孔的对侧。虫卵呈椭圆形，大小为（101~109）微米×（82~84）微米。其中，六钩蚴呈椭圆形，大小为 32 微米×22 微米。

2. 生活史　鸭矛形剑带绦虫只有 1 个中间宿主，即剑水蚤。当孕节片或虫卵随终末宿主的粪便排到体外，在水中被中间宿主剑水蚤吞食后，发育为似囊尾蚴。鸭、鹅、鸡等吞食了含有似囊尾蚴的剑水蚤而受感染。经 19 天发育，幼虫可发育为成虫。

3. 流行病学　鸭等禽类均可感染鸭矛形剑带绦虫，各种日龄均可感染。其中，幼禽最易感，发病程度也比较严重。成年禽多为带虫者。

4. 临床症状　主要表现为腹泻，食欲减退，生长发育受阻，贫血，消瘦等症状。剖检，小肠内可见矛形剑带绦虫（图 5.70），并有明显的肠炎病变。

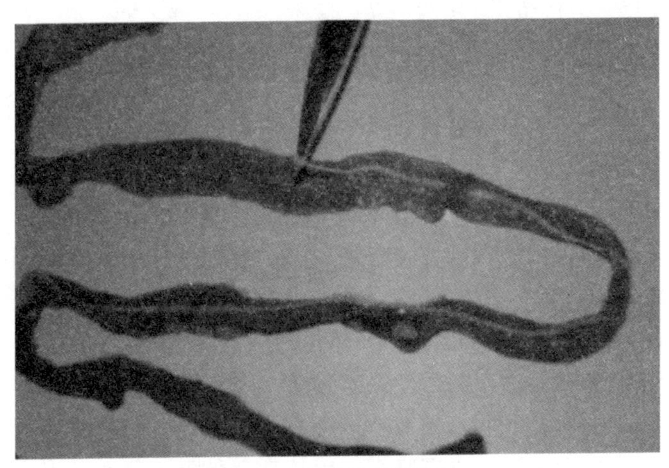

图 5.70　鸭矛形剑带绦虫

在小肠内检出成虫以及在粪便中检出孕节片和虫卵，即可确诊。

5. 防制

（1）预防：在本病流行地区，禁止鸭、鹅、鸡等接触到水池等水源地，定期使用广谱驱虫药进行预防性驱虫。

（2）治疗：氢溴酸槟榔碱，每千克体重 1.0～1.5 毫克；硫双二氯酚，每千克体重 100～200 毫克；吡喹酮，每千克体重 10～15毫克；阿苯达唑，每千克体重 20～25 毫克；氯硝柳胺，每千克体重 50～100 毫克，均有良好效果。

（二）鸭普氏剑带绦虫病

鸭普氏剑带绦虫病是由膜壳科剑带属的普氏剑带绦虫寄生于鸭等游禽小肠引起的寄生虫病。

1. 病原 普氏剑带绦虫形态与矛形剑带绦虫相似，体长为 3.5～17.0 厘米，吻突发达，突出于虫体前端。成节中的卵巢不分成两瓣，位于反孔侧睾丸的腹面。卵黄腺呈块状。虫卵类圆形，（15～20）微米×（22～27）微米。

2. 生活史 成虫寄生于鸭等游禽的小肠，孕节随粪便排到水中，孕节在肠中或外界破裂散落出虫卵，虫卵被剑水蚤吞食，在其体内发育为似囊尾蚴，鸭因吃入剑水蚤而感染。

3. 流行病学 本病全球分布，呈地方性流行。鸭和许多野生游禽均可感染。流行跟中间宿主剑水蚤的存在密切相关。剑水蚤的生存环境很广，许多水体都有，在覆有植物的靠岸水域分布最密集。

4. 临床症状 虫体的吻突和小钩刺激肠壁引起机械性损伤和炎症，并夺取宿主肠道的营养物质，同时排泄代谢产物，因而扰乱宿主消化功能和毒害血液系统及神经系统引起功能异常。症状表现为食欲减退，常有腹泻；生长发育受阻，贫血，消瘦；有的病鸭头突然倒向一侧，行走摇晃或失衡摔倒，有时在夜间伸颈、张口，如钟摆样摇晃，然后仰卧做划水动作。严重感染者会死亡。

检查粪便中的虫卵，或进行诊断性驱虫。必要时剖检宿主查找虫体。

5. 防制

（1）预防：对鸭定期驱虫，有的地方有放牧和舍饲轮换的饲养方式，则每年2次驱虫，分别在放牧前和放牧后进行，可以防止水体污染。条件允许的地方轮牧池塘，停用时间为1年，使含有似囊尾蚴的剑水蚤全部死亡后再放牧。

（2）治疗：氢溴酸槟榔素，每千克体重1~1.5毫克；吡喹酮，每千克体重20毫克。此外，硫双二氯酚、氯硝柳胺、丙硫咪唑也有效果。

（三）鸭分支膜壳绦虫病

鸭分支膜壳绦虫病是由膜壳科膜壳属的分支膜壳绦虫寄生在鸭等禽类小肠内的一种寄生虫病。

1. 病原　鸭分支膜壳绦虫虫体呈乳白色，长5~15毫米，头节呈锥形，顶突细长，有10个小钩，吸盘无棘。睾丸3个，粗大呈卵圆形，呈直线横列于节片中后部。卵巢分为2个叶。孕节片内含有大量虫卵，虫卵大小为（48~60）微米×（32~45）微米。

2. 生活史　鸭分支膜壳绦虫的发育需要1个中间宿主，如甲壳类或螺类。终末宿主如鸭、鸡等食入含有成熟似囊尾蚴的中间宿主而感染。

3. 流行病学　本病主要发生在鸭、鸡，各种日龄均可感染，但幼禽感染后症状比较严重。

4. 临床症状　病鸭表现食欲减退，腹泻，贫血，消瘦等症状。

5. 病理变化　剖检可见小肠内含有大量白色绦虫，并有明显的肠炎病变。

6. 诊断　在小肠内检出成虫，经形态和内部结构鉴定即可确诊。

7. 防制　参考鸭矛形剑带绦虫病的防制措施。

（四）鸭美丽膜壳绦虫病

鸭美丽膜壳绦虫病是由膜壳科膜壳属的鸭美丽膜壳绦虫寄生在鸭等小肠内的一种寄生虫病。

1. 病原 鸭美丽膜壳绦虫虫体长 30~45 毫米，全部节片的宽度大于长度。头节圆形，较大，吻突较短，上有吻钩 8 个。有 4 个吸盘。睾丸 3 个，呈圆形或椭圆形，呈直线排列于节片下边缘。卵巢呈分瓣状，位于 3 个睾丸上方。六钩蚴呈卵圆形，大小为 23 微米×16 微米。

2. 生活史 与鸭分支膜壳绦虫相似。

3. 流行病学 鸭美丽膜壳绦虫可感染鸭等禽类，各种日龄均可感染。在我国的四川、江苏、浙江、江西、福建、贵州、云南等省份均有本病的病例报道。

4. 临床症状 与鸭分支膜壳绦虫相似。

在小肠内检出成虫，经形态和内部结构鉴定即可确诊。

5. 防制 参考鸭矛形剑带绦虫病的防制措施。

二、鸭吸虫类寄生虫病

（一）鸭次睾吸虫病

鸭次睾吸虫是寄生于鸭肝脏胆管或胆囊内的一种寄生虫。主要危害 1 月龄以上的鸭，感染率和感染强度均很高。常因胆囊、胆管虫体堵塞而发生死亡，是目前对鸭危害较大的吸虫病。寄生在鸭胆囊、胆管内的次睾吸虫有两种，为东方次睾吸虫和台湾次睾吸虫，临床上常见的主要是东方次睾吸虫。

1. 病原 病原东方次睾吸虫属后睾科。虫体呈叶状，长 2. 4~4. 7 毫米，体表有小棘，口吸盘位于虫体前端，腹吸盘位于虫体前 1/4 的中央。睾丸大，稍分叶，前后排列于虫体的后端。睾丸的前方为椭圆形的卵巢，子宫在卵巢和肠叉之间盘曲，子宫内充满虫卵，虫卵呈浅黄色，椭圆形，大小为（28~31）微米×

（12～15）微米。

2. 生活史　第一中间宿主为纹沼螺，第二中间宿主为麦穗鱼及爬虎鱼等。囊蚴主要寄生在鱼的肌肉及皮层内。鸭吞食含囊蚴的鱼类而遭感染，在感染后 16～21 天粪便中出现虫卵。

3. 流行特点　本病常发生于夏秋季节，临床上以 1～4 月龄的鸭较为多见，1 月龄以下的鸭很少发生。虫体除寄生于鸭外，也寄生于鸡，偶尔见于猫、犬及人体内。该病分布较广，全国各地均有发生本病的报道。

4. 临床症状　轻度感染时，不表现临床症状；严重感染时，病鸭精神委顿、食欲减退、羽毛松乱、两肢无力、消瘦贫血，常下痢，粪便多呈水样，多因衰竭而死。产蛋母鸭感染后产蛋率下降，发病严重者产蛋停止，而且发生死亡。

5. 病理变化　肝脏显著肿大，有的可比正常大 1～2 倍，色泽变淡，常见胆管增生白色花纹和斑点。病程稍长的，肝脏质地变硬，切面可见胆管壁增厚，管腔扩大，内含黄绿色胆汁的凝固物和虫体。胆囊充盈，胆汁呈深绿色或墨绿色，囊腔内有数量不等的虫体，胆囊壁增厚，肠道黏膜呈卡他性炎症。少数病例还出现心包积液，脾脏肿大，盲肠扁桃体出血。

6. 防制

（1）预防：加强环境卫生，鸭舍清扫消毒，清除的鸭粪堆积发酵进行生物热处理，切勿用生鱼饲喂鸭群。

（2）治疗：患病鸭群用药物逐只防制，如丙硫咪唑每千克体重 50～100 毫克口服，或吡喹酮每千克体重 10～15 毫克口服，都具有良好的疗效。

（二）鸭卷棘口吸虫病

本病是因棘口科的某些吸虫寄生于鸭肠道中而引起的疾病，临床上以出现消化功能紊乱和出血性肠炎的症状为特征。本病主要危害幼鸭。棘口吸虫病在我国流行范围很广，江苏、浙江、福建、广东、广西、云南、四川及天津等地的家禽，感染本病者均很普遍，尤以鸭的感染率为最高。

1. 病原 病原为棘口科的5种吸虫，其中以卷棘口吸虫较常见。虫体呈长叶状，长7.6~12.6毫米、宽1.26~1.6毫米，体表被有小棘；虫体的前端有头冠，头冠上有头棘35~37枚，在头冠的两侧各有腹角棘5枚；虫体前端有口吸盘，小于腹吸盘；睾丸呈椭圆形，前后排列于卵巢后方，卵巢呈圆形位于虫体中部，子宫弯曲在卵巢的前方，内充满虫卵，卵黄腺分布在腹吸盘后方的两侧，伸达虫体后端，在睾丸后方不向虫体中央扩展。

2. 生活史 棘口科吸虫的生活史中都有两个中间宿主，第一中间宿主为淡水螺，第二中间宿主为淡水螺或蝌蚪等。虫卵随鸡、鸭、鹅的粪便排出体外，在水中孵化出毛蚴，侵入第一中间宿主淡水螺（椎实螺、萝卜螺等）。在其体内经胞蚴和一二代雷蚴、尾蚴各阶段的发育，尾蚴离开第一中间宿主进入水中，遇到第二中间宿主淡水螺（扁卷螺、豆螺等）、蚬、蝌蚪或小蛙，进入其体内后形成囊蚴。鸭由于啄食有囊蚴的第二中间宿主而受感染，囊蚴中的童虫附着在肠壁上，经过16~22天发育为成虫。

3. 流行特点 鸭、鸡、鹅以及野禽均可感染本病。本病分布于世界各地，在我国除青海和西藏外，其他地方均有本病发生的报道。

4. 临床症状 棘口吸虫对成年鸭的危害较轻，对雏鸭的致病力甚强。病鸭出现食欲减退或消失、下痢、贫血、消瘦、生长迟滞等症状，最后由于极度衰竭和全身中毒而死亡。

5. 病理变化 剖检时可见有出血性肠炎，许多虫体附着在直肠和盲肠黏膜上，引起黏膜的损伤和出血。

6. 诊断 生前诊断用粪便检查法，以检出虫卵为依据。病理剖检是更可靠的诊断方法，如能发现虫体和出血性肠炎的变化即可确诊。

7. 防制

（1）预防：在流行地区的鸭粪便应堆积发酵后再用作肥料，这样可以杀灭虫卵，对于不安全的水域可用化学药物消灭中间宿主。

（2）治疗：对发生本病的鸭群进行有计划地驱虫，所用药物以硫双二氯酚和氯硝柳胺为好。硫双二氯酚按每千克体重 20~30 毫克，一次口服。氯硝柳胺按每千克体重 100~200 毫克，混于饲料中喂给。

驱虫期间的粪便应严格处理。

（三）鸭前殖吸虫病

鸭前殖吸虫病是由前殖科前殖属的某些吸虫寄生于鸭直肠、输卵管、腔上囊和泄殖腔等部位引起的疾病。病鸭发生输卵管炎，产软壳蛋或无壳蛋，有时因继发腹膜炎而死亡。本病在我国分布较广，北京、天津、上海、江苏、江西、湖南、湖北、成都、昆明、广东、福建等地均有报告。

1. 病原　寄生于鸭体的前殖吸虫主要有 4 种，透明前吸虫、楔形前殖吸虫、鲁氏前殖吸虫和家鸭前殖吸虫。

前殖吸虫虫体呈棕红色，扁平梨形或卵圆形，体长 3~6 毫米，宽 1~2 毫米。口吸盘位于虫体前端，腹吸盘在肠管分叉之后。两个椭圆形或卵圆形睾丸，左右并列于虫体中部两侧。卵巢分叶，子宫有下行支和上行支。生殖孔开口于虫体前端口吸盘左侧。虫卵呈棕褐色，椭圆形，一端有卵盖，另一端有一小突起，内含一个胚细胞和许多卵黄细胞，虫卵大小为（22~29）微米×（12~15）微米。

2. 生活史　成虫寄生于鸟类动物的直肠、输卵管、腔上囊和泄殖腔等部位，卵随粪便或泄殖腔的排泄物排出体外。虫卵被螺吞食，再发育为尾蚴，成熟的尾蚴自螺体逸出，游于水中，遇到蜻蜓稚虫时即经其肛孔钻入其体内，在肌肉中形成囊蚴。蜻蜓稚虫变为成虫后，囊蚴仍保持其感染力，鸭由于啄食含囊蚴的蜻蜓或其稚虫而感染。囊蚴在消化液的作用下逸出幼虫。幼虫经肠到达泄殖腔，再由此转入输卵管、腔上囊等部位，经 1~2 周发育为成虫。

3. 流行病学　前殖吸虫病多呈地方性流行，其流行季节与蜻蜓的出现季节相一致，多发生在春季和夏季。鸭感染本病多因到水池岸边放牧时，捕食蜻蜓而引起；同时，含虫卵的粪便落入水中，造成病原散播。

4. 临床症状　一般症状不甚明显。严重感染可出现食欲减退，产软壳蛋或无壳蛋、畸形蛋，产蛋率降低，消瘦，羽毛脱落等症状。

5. 病理变化　剖检可见输卵管炎，输卵管黏膜充血、增厚，在管壁上可发现虫体。如发生腹膜炎，在腹腔内有大量黄色混浊的渗出液，有时出现干性腹膜炎。

6. 诊断　可用粪便水洗沉淀法检查虫卵，并结合症状和死后剖检，在输卵管或腔上囊内找虫体。同时，应注意与缺钙症或维生素 D 缺乏症相区别。

7. 防制

（1）预防：定期驱虫，在每年春末、夏初经常检查鸭群，发现病鸭及时驱虫治疗；防止鸭吞食蜻蜓或其幼虫，在蜻蜓出现季节，不在清晨或雨后到池塘、水田内放牧；对鸭粪进行堆肥或其他无害化处理，禁止直接施入水田或池塘内。有条件者可采用化学药物杀灭放牧环境中的淡水螺。

（2）治疗：用丙硫咪唑按每千克体重 100 毫克 1 次口服；或吡喹酮每千克体重 60 毫克口服，每日 1 次，连用 2 日；或六氯乙烷每只鸭 0.2~0.5 克，混入饲料内喂服。

（四）鸭背孔吸虫病

背孔吸虫病是由背孔科背孔属的吸虫寄生于鸭等禽类盲肠和

直肠内引起的，在我国各地普遍存在。

1. 病原　引起本病的背孔吸虫种类甚多，常见的为细背孔吸虫。细背孔吸虫呈淡红色，体细长，两端钝圆，大小为（2~5）毫米×（0.65~1.4）毫米，只有口吸盘，腹面有3行呈椭圆形或长椭圆形的腹腺。两个分叶状睾丸，左右排列于虫体后部。卵巢分叶，位于两睾丸之间。生殖孔开口于肠分叉后方。虫卵大小为（15~21）微米×12微米，两端各有1条卵丝，长约0.26毫米。

2. 生活史　成虫在鸭、鹅等宿主的盲肠和直肠内产卵。卵随粪便排出体外，在适宜的环境条件下经3~4天孵出毛蚴，侵入螺体后经胞蚴、雷蚴发育为尾蚴。成熟的尾蚴可以在同一螺体内形成囊蚴，也可以离开螺体附着于水生植物上形成囊蚴。鸭因吞食了含有囊蚴的螺蛳或水草而受到感染。囊蚴进入鸭消化道后，幼虫脱囊而出，附着于盲肠、直肠黏膜上，经3周左右发育为成虫。

3. 流行病学　本寄生虫主要感染鸡、鸭、鹅以及部分野禽，各种日龄均可感染。幼禽症状较重。一年四季均可感染，但以夏秋季节多见，这可能与夏秋季节淡水螺较多有关。在我国各地及俄罗斯、日本均有分布。

4. 临床症状　虫体的机械性刺激引起寄生部位肠黏膜损伤和发炎，其毒素作用使病鸭贫血和发育迟滞。病鸭食欲降低，轻度下痢，消瘦、贫血，羽毛松乱无光泽，雏鸭感染后生长缓慢。病理剖检可在盲肠和直肠黏膜上发现虫体，肠黏膜受损和出血。

可用直接涂片法或饱和盐水浮集法在鸭粪中查找虫卵，根据虫卵的形态特征做出诊断。亦可进行病理剖检，在盲肠和直肠黏膜上查找虫体。

5. 防制

（1）预防：避免鸭吞食含有囊蚴的水草或淡水螺，是防制本病最有效的途径。

（2）治疗：可使用硫双二氯酚，每千克体重 200~300 毫克（一次性量）；五氯硫酰苯胺，每千克体重 15~30 毫克（一次性量）；阿苯达唑片，每千克体重 5~10 毫克，连用 3 天，都有较好的治疗效果。

对病鸭也可试用槟榔，按每只鸭每千克体重 0.6 克，煎水，于每天傍晚用小皮管投服 1 次，连服 2 天。亦可参阅棘口吸虫病的治疗。

（五）鸭舟形嗜气管吸虫病

鸭舟形嗜气管吸虫病是由盲腔科嗜气管属中的舟形嗜气管吸虫寄生于鸭等禽类气管、支气管、鼻腔、气囊内的一种寄生虫病。

1. 病原 鸭舟形嗜气管吸虫虫体呈椭圆形，两端钝圆。新鲜虫体为粉红色，大小为（7.10~11.08）毫米×（2.51~4.56）毫米。口吸盘退化，有前咽、咽和食道，食道短，两肠支沿虫体两侧向后在虫体末端汇合，肠支内侧有许多盲状突起，每侧 11~13 个。睾丸 2 个，前后斜列于虫体后 1/5 处。雄茎囊呈袋状，位于肠分支上，生殖孔开口于咽前的体中央。卵巢呈球形，位于前睾丸的另一侧，并与 2 个睾丸形成倒三角形。卵黄腺沿肠支分布。子宫盘曲于两肠间。虫卵大小为（120~134）微米×（65~68）微米，内含毛蚴。

2. 生活史 鸭舟形嗜气管吸虫的发育需要淡水螺作为中间宿主。虫卵由鸭子的呼吸道进入口腔，又被吞下进入胃肠道，随粪便排出体外。在外界适宜的温度下发育为毛蚴，并钻入扁卷螺进一步发育为尾蚴（无胞蚴阶段）。尾蚴直接在螺体内形成囊蚴。当鸭采食了含有囊蚴的螺类时即受感染。幼虫发育为童虫，童虫经血液循环进入肺，再由肺转入气管，在气管内发育为成虫。

3. 流行病学　鸭舟形嗜气管吸虫可感染鸭等家禽，各种日龄均可感染，其中以大鸭多见。在全国多数省份均有分布。

4. 临床症状　虫体可阻塞鸭的气管，并出现咳嗽、气喘等呼吸道症状，有时可因虫体阻塞气管造成窒息死亡。

5. 病理变化　剖检可在气管、支气管、气囊内发现虫体。同时，可见上呼吸道黏膜充血、出血病变。

在上呼吸道内发现本虫的虫体，并经虫体形态和内部结构观察鉴定而做出诊断。

6. 防制

(1) 预防：本病的预防，一方面要减少到水边放养，避免采食到淡水螺；另一方面要用抗吸虫药定期驱虫。

(2) 治疗：阿苯达唑、吡喹酮有效。

三、鸭线虫类寄生虫病

（一）鸭鸟蛇线虫病

鸭鸟蛇线虫病又名鸭丝虫病、鸭腮丝虫病、鸭鸟龙线虫病、鸭龙线虫病，是由鸟蛇线虫寄生于鸭的皮下组织所引起的一种寄生虫病。本病主要侵害雏鸭，在流行地区发病率高，严重感染时常造成死亡，对养鸭业危害极大。

1. 病原　鸭鸟蛇线虫病的病原体主要有台湾鸟蛇线虫和四川鸟蛇线虫 2 种，其中台湾鸟蛇线虫较常见。

台湾鸟蛇线虫属胎生型线虫。虫体细长呈白色、稍透明。角皮光滑，有细横纹，头端钝圆，口周围有角质环，有 2 个头感器和 14 个头乳突。雄虫长 6 毫米，尾部弯向腹面。雌虫长 100~240 毫米，尾部逐渐变为尖细，并向腹面弯曲，末端有一个小圆锤状突起。充满幼虫的子宫占据了虫体的大部分。幼虫纤细，白色，长 0.39~0.42 毫米，幼虫脱离雌虫的身体后，迅速变为被囊幼虫，被囊幼虫长 0.51 毫米。

四川鸟蛇线虫寄生于家鸭的皮下结缔组织（腭下及后肢等处）。雌虫呈长形线状，乳白色，大小为（32.6~63.5）厘米×（0.635~0.803）厘米。幼虫为胎生，寄生于中间宿主剑水蚤的体腔中。

2. 生活史 成虫寄生于鸭的皮下结缔组织中，缠绕似线团，并形成如小指头至拇指头大小的结节。患部皮肤逐渐变得浅薄，最终为雌虫的头节所穿破。当虫体的头端外露时，充满幼虫的子宫即与表皮一起破溃，漏出乳白色的液体，其中含有大量的活动幼虫。鸭在水中游泳时，幼虫即进入水中。进入水中的幼虫被中间宿主剑水蚤所吞食，然后穿过肠壁，移行至体腔内发育。经过一段时间之后，幼虫卷曲，停止活动，发育至感染性阶段。当含有这种幼虫的剑水蚤被鸭吞咽后，幼虫即从蚤体内逸出，进入肠腔，最后经移行而抵达鸭的腮、咽喉部、眼周围和腿部等处的皮下，逐渐发育为成虫。

3. 流行病学 本病主要侵害3~8周龄的雏鸭，成年鸭未见发病，不侵害其他家禽。本病有明显的季节性，通常在6~10月水温高、剑水蚤大量繁殖的季节发病率高。

4. 临床症状 在鸭的眼睑、下颌、颊、颈部、腿、胸、腹、泄殖腔等虫体寄生处，可见大小如指头的圆形结节，且结节会逐渐长大，压迫器官，引发呼吸困难、行走障碍、失明、营养不良等症状。病雏鸭多在出现症状后10~20天死亡。

5. 病理变化 剖开患病结节，流出含大量幼虫的白色液体，在结节中的结缔组织中可见缠绕成团的虫体。

从患病结节中取出虫体，镜检，结合流行病学、临床症状及剖检病变，可确诊。

6. 防制

（1）预防：加强管理，鸭舍和活动场所要定期清扫消毒，及时清理鸭粪，堆积发酵。鸭子的活动水域要定期消毒，可用生

石灰杀灭中间宿主剑水蚤。不要到疑有病原存在的稻田和沟渠等处放牧。

（2）治疗：对于台湾鸟蛇线虫病，可用 0.5%高锰酸钾溶液 0.5～2 毫升，注入病鸭患处。四川鸟蛇线虫病可用 1%四咪唑，患处注入 0.25～0.5 毫升，后肢患处注入 0.1～0.2 毫升。对于患处结节用缝被子用的大号针在火焰上烧红后，迅速穿入结节中间，停留数秒钟，较大的结节一般需穿刺 3～5 针。也可用补鞋用的钩针穿入结节，稍做转动，慢慢地将虫体拉出。对于较大的结节可在不同部位穿钩 2～3 次。

（二）鸭毛细线虫病

鸭毛细线虫病是由毛首科纤形属的捻转毛细线虫、毛细属膨尾毛细线虫、子鞘属线虫等线虫寄生于鸭的嗉囊、食道及肠道所引起的一种寄生虫病。

1. 病原　鸭毛细线虫雄虫长 6.7～13.1 毫米，宽 35～85 微米。交合刺坚实，呈三棱形，长 1.1～1.9 毫米，交合刺鞘上有小刺，近端不太宽，远端变扁，尖端部呈长圆锥形。交合伞发达，尾部分为 2 瓣，无侧翼。虫体的尾端有两个侧叶。雌虫长 8.1～18.3 毫米，宽 44～60 微米。阴门部没有附属物，位于虫体前部 1/3 处。肛门位于虫体的末端。虫卵外周呈波浪状，卵塞大而突出，大小为（50～65）微米×（27～32）微米。

2. 生活史　鸭毛细线虫从生活史来分有直接发育型和间接发育型两种。直接发育型，如捻转毛细线虫，鸭吞食了其感染性虫卵后，幼虫钻入鸭的十二指肠黏膜内发育，经 22～26 天发育为成虫，成虫在肠道内的寿命约 9 个月。间接发育型，如膨尾毛细线虫，则需要蚯蚓作为中间宿主，鸭吞食含感染性幼虫的蚯蚓而被感染，幼虫在小肠中钻入黏膜，经 22～24 天发育为成虫，成虫的寿命约为 10 个月。虫卵对外界的抵抗力较强，未发育的虫卵比已发育的虫卵抵抗力更强，且耐寒，在外界能长期保持活力。

3. 流行病学 鸭毛细线虫可感染鸭等家禽。传染源与环境污染或鸡、鸭、鹅混养有关。

4. 临床症状 病鸭表现为精神萎靡，食欲减退或废食，垂翅独处，蜷缩于栖架下或屋角。消瘦、贫血。当虫体寄生积聚于嗉囊时，可见嗉囊膨大，压迫迷走神经而引起呼吸困难、运动失调和麻痹，严重的可致死。当虫体寄生于肠道时，病鸭饮水增多，下痢，引发肠炎症状。

5. 剖检 在嗉囊、食道及肠道黏膜中可见细如头发的大量虫体，食道、嗉囊壁、肠道出血，黏膜上覆盖着气味难闻的纤维蛋白性坏死物质。

从病死鸭的食道和肠道黏膜中找到细如头发的虫体，用粪便检查找到两端栓塞物明显的虫卵，结合流行病学、临床症状、剖检病变，可确诊。

6. 防制

（1）预防：做好环境卫生及清洁消毒工作，及时清除鸭舍及运动场的粪便，堆积发酵杀灭虫卵。防止鸭啄食蚯蚓。

（2）治疗：左咪唑，一次口服，20~25 毫克/千克体重，或用粉剂按 0.05%比例混料饲喂。甲氧啶，200 毫克/千克体重，用蒸馏水配制成 10%的溶液，皮下注射或口服。越霉素 A，一次口服，35~40 毫克/千克体重，或按 0.05%~0.5%的比例混入饲料，连喂 5~7 天。四咪唑，40 毫克/千克体重，溶于水中饮服。

四、鸭节肢动物类寄生虫病

（一）鸭皮刺螨病

鸭皮刺螨病是由于螨寄生于鸭的羽毛、皮肤上所引起的一种鸭体外寄生虫病。侵害鸭的螨有鸡刺皮螨、突变膝螨、鸡新勋恙螨。鸡刺皮螨夜晚侵袭鸭的皮肤并吸血，导致鸭贫血甚至死亡。

1. 病原　鸡皮刺螨呈长椭圆形，后部略宽；饱血后虫体由灰白色转为红色。雌螨（图 5.71）长 0.72～0.75 毫米，宽 0.4 毫米，饱血后可长达 1.5 毫米，雄螨长 0.6 毫米，宽 0.32 毫米。体表有细皱纹并密生短毛；背面有盾板 1 块，前部较宽，后部较窄，后缘平直。雌螨腹面的胸板非常扁，前缘呈弓形，后缘浅凹，有刚毛 2 对；生殖腹板前宽后窄，后端钝圆，有刚毛 1 对；肛板圆三角形，前缘宽阔，有刚毛 3 根，肛门偏于后端。雄螨胸板与生殖板愈合为胸殖板，腹板与肛板愈合成腹肛板，两板相接。腹面偏前方有 4 对较长的肢，肢端有吸盘。螯肢细长呈针状。

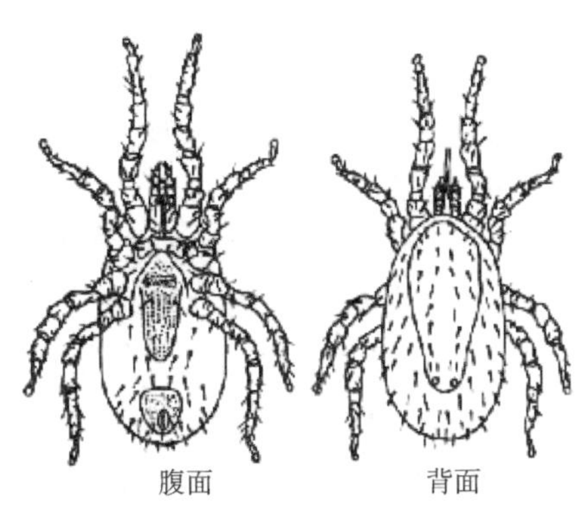

图 5.71　鸡皮刺螨雌虫

2. 生活史　鸡皮刺螨的发育包括卵、幼虫、若虫、成虫 4 个阶段，其中若虫为 2 期。侵袭鸭的雌螨在每次吸饱血后 12～24 小时内在鸭窝的缝隙或碎屑中产卵，每次产十多粒。在 20～25℃ 条件下，卵经 48～72 小时孵化出幼虫，幼虫不吸血，经 24～48 小时内蜕化为第 1 期若虫；第 1 期若虫吸血后在 24～28 小时内蜕化为第 2 期若虫；第 2 期若虫吸血后 24～48 小时内蜕化为成虫。从卵到成虫需经过 7 天。成虫耐饥能力较强，4～5 个月不吸血仍能生存。鸡皮刺螨主要在夜间侵袭吸血，但如鸭白天留居舍内或母鸭孵卵时亦可遭受侵袭。皮刺螨还能在鸭窝附近爬行活动。

3. 流行病学　鸡刺皮螨多见于种鸭场或舍饲为主的肉鸭场，特别是简陋的鸭场或陈旧的鸭场，更有可能感染。冬季多发。

4. 临床症状　鸡刺皮螨白天藏匿在鸭巢内、墙壁缝隙或灰尘等隐蔽处，夜间出动，侵袭鸭体皮肤，吸血。大量寄生时，导致鸭贫血，产蛋量下降，幼鸭可因失血过多生长受阻，甚至导致死亡。

在宿主体表或窝巢等处发现小且爬动很快的虫体，经镜检符合鸡刺皮螨特征，即可确诊。

5. 防制

（1）预防：搞好鸭舍的清洁卫生，定期消毒。杀螨虫可用0.2%敌百虫水溶液喷洒墙缝、产蛋窝。用2.5%溴氰菊酯稀释500倍液或20%杀灭菊酯稀释1 000倍液，喷洒鸭体表，每周1次，连用2次。对鸭舍、栖架、产卵箱可用杀灭菊酯喷洒或涂刷。用药时应注意必须把药液喷洒或涂刷到每一个缝隙中。对铁器还可以用喷灯火焰灭虫，污染的垫草要烧毁。

（2）治疗：用50毫克/千克溴氰菊酯或60毫克/千克杀灭菊酯（戊酸氰醚酯、速灭杀丁）喷洒鸭体、鸭舍、栖架。更换垫草并烧毁。

（二）鸭羽虱病

鸭羽虱病是由短角羽虱科鸡羽虱属中的鸡羽虱寄生于鸭、鹅体表和羽毛中的一种寄生虫病。羽虱是鸭、鹅体表的永久性寄生虫；常具有严格的宿主特异性。

1. 病原　鸡羽虱体型较小，体色为淡黄色，头部后颊向两侧突出，有数根粗长毛，咀嚼式口器，头部侧面的触角不明显。前胸后缘呈圆形突出，后胸部与腹部联合一块，呈长椭圆形，有3对足，爪不甚发达。腹部由11节组成，每节交界处都有刚毛簇。雄性体长1.7毫米，尾部较突出；雄性体长2.0毫米，尾部较平。

2. 生活史　鸡羽虱的发育属不完全变态，营终生寄生生活，以啮食羽毛或皮屑为生。整个发育过程分为卵、若虫和成虫3个阶段。

3. 流行病学　鸡羽虱具有严格的宿主特异性，即寄生在鸡、鸭、鹅的皮肤和羽毛上。不同禽类个体以及不同禽类之间可通过直接或间接接触而感染。一年四季均可感染，其中以冬春季较多发。

4. 临床症状　羽虱主要啮食正在生长的羽毛的基部保护鞘、细羽毛、细支、皮屑等。羽虱在鸭体表寄生时，虽不刺吸血液，但可使鸭体表瘙痒和不安，以致病鸭啄食寄生处止痒，引起羽毛折断脱落；寄生严重者常啄伤皮肤，并引起食欲减退、消瘦，还可引起产蛋鸭的产蛋率下降。

5. 病理变化　剖检病鸭，内脏器官无明显特征病变。可见有羽虱寄生处，羽毛断折、脱落。寄生严重的鸭皮肤有损伤。

6. 防制

（1）预防：搞好环境卫生，及时更换垫草，保持鸭舍的清洁干燥；在更新鸭群时，应对饲养环境和用具进行彻底的消毒，使用杀虫药喷洒灭虱。对于引进的种用青年鸭，应进行严格的检查，无羽虱寄生方可入群饲养。

（2）治疗：对于患病的鸭群可选用杀虫药物治疗。如溴氰菊酯按 0.002 5%~0.01%药液浓度喷雾或浸浴；也可用 20%氰戊菊酯乳油按 0.02%~0.04%药液浓度喷雾，或用双甲脒按 0.05%药液浓度喷雾；还可用 0.06%蝇毒灵直接喷于体表，均有良好的杀虫效果。

（三）鸭黄色柱虱病

鸭黄色柱虱病是由长角羽虱科柱虱属中的黄色柱虱寄生于鸭体表和羽毛中的一种寄生虫病，又称家鸭羽虱病。

1. 病原　鸭黄色柱虱虫体长 1.6 毫米，体侧缘黑色，腹部两侧各节均有斑块。头部前额突出为圆形，后部也呈圆形，左右侧各有 1 根长刚毛。前后胸较宽，后胸后缘有长缘毛。腹部呈卵圆形，各腹节的背面均有 1 对长刚毛，后部各节的后角均有 2~3

根长毛。

2. 流行病学 鸭黄色柱虱主要寄生在鸭的体表和羽毛，冬春季节多发。本病的发生多与鸭舍卫生条件差、设备陈旧有关。

3. 临床症状 本病主要表现为脱毛、瘙痒、消瘦、贫血、减蛋等症状。

如能在皮肤和羽毛上发现虫体爬行，即可做出确诊。

4. 防制

（1）预防：可用5%溴氰菊酯乳油（敌杀死），预防浓度为30×10^{-6}，治疗浓度为50×10^{-6}~80×10^{-6}，进行药浴或喷洒。杀灭菊酯，市售商品为20%乳油，使用时加水稀释即可（不可使用50℃以上热水）。鸭体灭虱浓度为4×10^{-6}~5×10^{-6}，使用时以微温（12℃）水稀释乳油后喷洒，涂擦或药浴。鸭舍灭虫可按0.03~0.05毫升/米^{3}计量，喷雾后密闭4小时。

（2）治疗：主要是灭虱，可选用蝇毒磷、溴氰菊酯、杀灭菊酯、氯氰菊酯等灭虱药。

五、鸭原虫类寄生虫病

（一）鸭四毛滴虫病

鸭四毛滴虫病是由毛滴虫科四毛滴虫属的鸭四毛滴虫寄生在鸭肠道后段的一种寄生虫病。

1. 病原 鸭四毛滴虫虫体宽，大小为（13~27）微米×（8~18）微米，有4根前鞭毛和1根后鞭毛，波动膜覆盖虫体大部分，肋和轴杆各1个。在高倍显微镜下，可见许多梭形虫体游动。

2. 生活史 鸭四毛滴虫通常在鸭肠道后段隐性感染，当肠内环境发生改变时，鸭四毛滴虫就以纵分裂方式快速繁殖，导致鸭产生肠炎症状。

3. 流行病学 鸭四毛滴虫只感染鸭，发病的程度与鸭的饲

养环境关系很大。

4. 临床症状 病鸭出现肠炎、拉稀症状。

5. 病理变化 剖检可见盲肠和直肠肿大明显，内容物为巧克力样糊状物。

6. 防制

（1）预防：搞好鸭舍环境卫生，保持地面干燥。

（2）治疗：乙酰甲喹等药物有效。

（二）鸭球虫病

鸭球虫病是一种严重危害鸭的寄生虫病，各种日龄的鸭都可感染发病，在北京地区多发生在3~5周龄的中鸭，以夏秋季节发病率最高。发病率可达30%~50%，死亡率20%~64%，得过该病的鸭一般生长缓慢，耗费饲料与人工，给养鸭场或养鸭户造成很大的经济损失。

1. 病原 鸭球虫的种类较多，分属于艾美耳科的艾美耳属、泰泽属、温扬属和等孢属，多寄生于肠道，少数艾美耳属球虫寄生于肾脏。据报道，鸭球虫中以毁灭泰泽球虫致病力最强，暴发性鸭球虫病多由毁灭泰泽球虫和菲莱温扬球虫混合感染所致，后者的致病力较弱。

毁灭泰泽球虫卵囊呈短椭圆形，浅绿色，大小为（9.2~13.2）微米×（7.2~9.9）微米。平均为11微米×8.8微米，形状指数1.2。卵囊外层薄而透明，内层较厚，无微孔。初排出的卵囊内充满含粗颗粒的合子，孢子化后不形成孢子囊，8个香蕉形的子孢子游离于卵囊内，无极粒。含一个由大小不同颗粒组成的大的卵囊残体。随粪排出的卵囊在0℃和40℃时停止发育，孢子化所需适宜温度为20~28℃，最适宜温度为26℃，孢子化时间为19小时。寄生于小肠上皮细胞内，严重感染时，盲肠和直肠也见有虫体。有两代裂殖增殖。从感染到随粪排出卵囊的最早时间为118小时。

菲莱温扬球虫卵囊较大，呈卵圆形，浅蓝绿色，大小为（13.3~22）微米×（10~12）微米，平均17.2微米×11.4微米，形状指数1.5。卵囊壁外层薄而透明，中层黄褐色，内层浅蓝色。新排出的卵囊内充满含粗颗粒的合子，有微孔，孢子化卵囊内含4个瓜子形孢子囊，狭端有斯氏体，每个孢子囊内含4个子孢子和一个圆形孢子囊残体，有1~3个极粒，无卵囊残体。随粪排出的卵囊在9℃和40℃时停止发育，24~26℃的适宜温度下完成孢子化需30小时。寄生于卵黄蒂前后肠段、回肠、盲肠和直肠绒毛的上皮细胞内及固有层中，有三代裂殖增殖。潜伏期为95小时。

裴氏温扬球虫的卵囊呈卵圆形，两层壁光滑，无色，卵壳厚度1微米，有1个宽2.5微米的卵膜孔。卵囊大小为（15.4~19.1）微米×（10.9~12.2）微米，平均为18.3微米×12.4微米，卵囊形状指数为1.4。有1个极粒，无孢子囊残体。内含4个孢子囊，大小为8微米×6微米，并有孢子囊残体。每个孢子囊内含有4个子孢子。

鸳鸯等孢球虫的卵囊呈球形或亚球形，两层壁，厚度为1微米，淡褐色，壁光滑，无卵膜孔。大小为（10.4~12.8）微米×（9.6~11.6）微米，平均为10.8微米×11.9微米，形状指数为1.07。有1个大极粒，无孢子囊残体。成熟的卵囊内含2个孢子囊，孢子囊呈仙桃形，有明显的斯氏体和孢子囊残体。每个孢子囊内含有4个子孢子。

巴氏艾美耳球虫的卵囊呈球形或卵圆形，壳有两层，厚度为1微米，黄绿色，壁光滑，无卵膜孔。大小为（17.6~20.9）微米×（14.5~17.1）微米，平均为19.8微米×16.6微米，形状指数为1.2。卵囊内有1个比较大的极粒，无孢子囊残体。成熟卵囊内含4个孢子囊，孢子囊呈长椭圆形，大小为10.5微米×7.8微米，有斯氏体和孢子囊残体。每个孢子囊内含有2个子孢子。

2. 生活史　鸭球虫的生活史包括孢子生殖（体外阶段）、裂殖生殖（在鸭小肠内）和配子生殖（在鸭小肠内）3个阶段。在裂殖生殖阶段，可产生许多裂殖体和第1期、第2期、第3期裂殖子。

3. 流行病学　家鸭球虫共有10个种，大部分寄生于肠道。其中以泰泽属的毁灭泰泽球虫致病力最强。球虫感染在鸭群中广泛发生，各种年龄的鸭均可发生感染。轻度感染通常不表现临床症状，成年鸭感染多呈良性经过，成为球虫的携带者。因此，成年鸭是引起雏鸭球虫病暴发的重要传染源。鸭球虫的发生往往是通过病鸭或带虫鸭的粪便污染饲料、饮水、土壤或用具引起传播的。鸭球虫只感染鸭不感染其他禽类。2~3周龄的雏鸭对球虫易感性最高，发生感染后通常引起急性暴发，死亡率一般为20%~70%，最高可达80%以上。随着日龄的增大，发病率和死亡率逐渐降低。6月龄以上的鸭感染后通常不表现明显的症状。发病季节与气温和湿度有着密切的关系，以7~9月发病率最高。

4. 临床症状　急性病例多发生于雏鸭，特别是2~3周龄由网上转到平地饲养的雏鸭。病雏鸭表现为精神委顿，畏寒缩脖，呆立；不食，饲料消耗量减少。随病情加剧，病鸭喜卧，渴欲增加，排暗红色或深紫色血便（图5.72），有时见有灰黄色黏液，腥臭，发病当日或第2、第3天出现死亡，死亡率达80%以上，一般为20%~70%。第6天以后病鸭逐渐恢复食欲，死亡停止。耐过的病鸭，生长受

图5.72　排出血便

阻，增重缓慢。慢性型一般不显症状，偶见有拉稀，成为散播鸭球虫病的病源。

毁灭泰泽球虫危害严重，肉眼病变为整个小肠呈泛发性出血性肠炎，尤以卵黄蒂前后范围的病变严重。肠壁肿胀、出血，肠道内充满红色内容物（图 5.73）；黏膜上有出血斑或密布针尖大小的出血点，有的见有红白相间的小点，有的黏膜上覆盖一层糠麸状或奶酪状黏液，或有淡红色或深红色胶冻状出血性黏液，但不形成肠芯。组织学病变为肠绒毛上皮细胞广泛崩解脱落，几乎为裂殖体和配子体所取代。宿主细胞核被压挤到一端或消失。肠绒毛固有层充血、出血，组织细胞大量增生，嗜酸性白细胞浸润。感染后第 7 天肠道变化已不明显，趋于恢复。

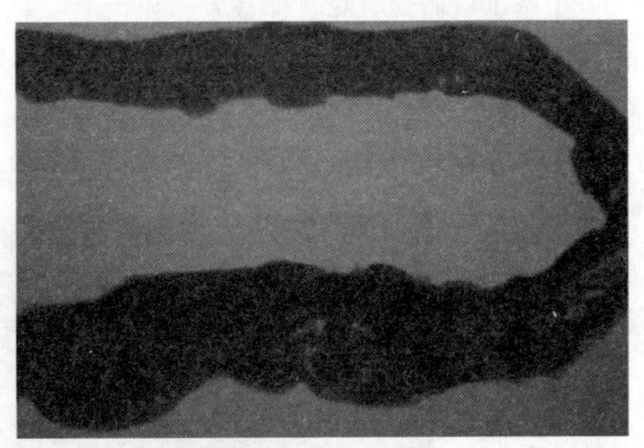

图 5.73　肠道内充满红色内容物

菲莱温扬球虫致病性不强，肉眼病变不明显，仅可见回肠后部和直肠轻度充血，偶尔在回肠后部黏膜上见有散在出血点，直肠黏膜弥漫性充血。

鸭的带虫现象极为普遍，所以不能仅根据粪便中有无卵囊做出诊断，应根据临诊症状、流行病学资料和病理变化，结合病原检查综合判断。急性死亡病例可从病变部位刮取少量黏膜置载玻

片上，加1~2滴生理盐水混匀，加盖玻片用高倍镜检查，或取少量黏膜做成涂片，用姬氏或瑞氏液染色，在高倍镜下检查，见到有大量裂殖体和裂殖子即可确诊。耐过病鸭可取其粪便，用常规沉淀法沉淀后，弃上清液，沉渣加64.4%（*W/V*）硫酸镁溶液漂浮，取表层液镜检见有大量卵囊即可确诊。

5. 防制

（1）预防：在球虫病流行季节，在地面饲养达到12日龄的雏鸭，可将磺胺间六甲氧嘧啶、复方磺胺间六甲氧嘧啶、磺胺甲基异噁唑、复方磺胺甲基异噁唑等磺胺药中任一种按比例混于饲料中，连喂5天，停3天，再喂5天，可预防暴发球虫病。

另外可选用磺胺氯吡嗪（三字球虫粉）按0.03%混入饮水，连用3天；或克球多（0.05%）、球痢灵（0.0125%）等混于饲料，可有效地控制鸭球虫病的发生和死亡，若与磺胺药交替轮换使用，可避免磺胺药易产生耐药性和引起磺胺出血综合征的缺点。

鸭舍应保持清洁干燥，定期清除粪便，并将粪便堆积发酵。饮水和饲料防止鸭粪污染，经常消毒用具，定期更换垫草，换垫新土。流行严重时，则应铲除表土，更换新土，防止饲养人员串岗，谢绝外场人员参观，以防带进球虫卵囊。

（2）治疗：在球虫病流行季节，当地面饲养达到12日龄的雏鸭，可将下列药物的任何一种混于饲料中喂服，均有良效。

磺胺间六甲氧嘧啶按0.1%混于饲料中，或复方磺胺间六甲氧嘧啶（SMM+TMP，以5∶1比例）按0.02%~0.04%混于饲料中，连喂5天，停3天，再喂5天。

磺胺甲基异噁唑按0.1%混于饲料，或复方磺胺甲基异噁唑（SMZ+TMP，以5∶1比例）按0.02%~0.04%混于饲料中，连喂7天，停3天，再喂3天。

克球粉按有效成分0.05%浓度混于饲料中，连喂6~10天。

(三) 鸭隐孢子虫病

鸭隐孢子虫病是由隐孢子虫科隐孢子虫属中的贝氏隐孢子虫寄生在鸭等禽类的呼吸道、法氏囊、泄殖腔等上皮细胞表面的一种寄生虫病。本病能引起鸭及其他禽类剧烈的呼吸道症状，并发生死亡。

1. 病原 贝氏隐孢子虫大小约为6.3毫米×5.1毫米，主要寄生于鸭的腔上囊、泄殖腔和呼吸道。隐孢子虫的卵囊呈圆形或椭圆形，卵囊壁光滑，囊壁上有裂缝，无微孔、极粒和孢子囊。每个卵囊含有4个裸露的香蕉形的子孢子和1个残体，残体由1个折光体和一些颗粒组成。

2. 生活史 隐孢子虫的生活史与其他球虫相似，包括裂殖生殖、配子生殖和孢子生殖3个阶段，均在鸭体内完成。

3. 流行病学 贝氏隐孢子虫流行最为广泛，在世界各地均有发生。国内许多省市也有鸭及其他家禽发生感染的报道。经调查表明，饲养管理不善、环境卫生差的养鸭场，隐孢子虫的感染率明显增高。鸭隐孢子虫一年四季均可发生感染，但以温暖多雨的季节感染率较高。贝氏隐孢子虫的传染源是病禽和带虫禽类排出的卵囊，而这种卵囊对外界环境抵抗力很强，在潮湿的环境下能存活数月，因此鸭等家禽很容易引起感染。贝氏隐孢子虫可经呼吸道和消化道引起感染，从鸭体内分离的贝氏隐孢子虫虫株感染鸡、鸭、鹅、鹌鹑均能引起这些家禽严重发病，致使受感染的家禽出现剧烈的呼吸道症状并发生死亡。

4. 临床症状 本病的潜伏期为3~5天。发生感染的病鸭主要表现为呼吸道症状，如咳嗽、打喷嚏、有呼噜声、呼吸困难（张口呼吸）等。病鸭出现精神不振、瞌睡、厌食、眼结膜炎等症状。

5. 病理变化 剖检可见病鸭喉头和气管黏膜水肿，有大量浆液性渗出物，肺充血、发炎，气囊浑浊。腔上囊和泄殖腔黏膜

肿胀，呈灰白色。病理组织学检查，可见上皮细胞肿胀，微绒毛脱落，萎缩变性和炎性渗出。

6. 诊断　本病的症状因不具有特异性，故不能作为诊断的依据。确诊需进行实验室检验。将黏液性或糊状粪便用林格液或生理盐水按 1∶1 稀释，使之成匀浆再进行涂片。水样粪便或黏膜刮取物可直接进行涂片。涂片用甲醇固定，姬姆萨染色后镜检，可发现隐孢子虫的卵囊。

7. 防制

（1）预防：改善饲养条件，搞好环境卫生，孵化室等用甲醛熏蒸消毒。

（2）治疗：目前尚无有效的药物防制本病，可试用百虫清和磺胺二甲氧嘧啶进行治疗。

参 考 文 献

[1] 王永强. 轻松学养肉鸭 [M]. 北京：中国农业科学技术出版社，2015.
[2] 柳东阳. 轻松学鸭鹅病防制 [M]. 北京：中国农业科学技术出版社，2015.

彩图 4.1　水禽活动的水体，有时成为病原微生物的载体

彩图 4.2　保定病鸭，进行个体检查

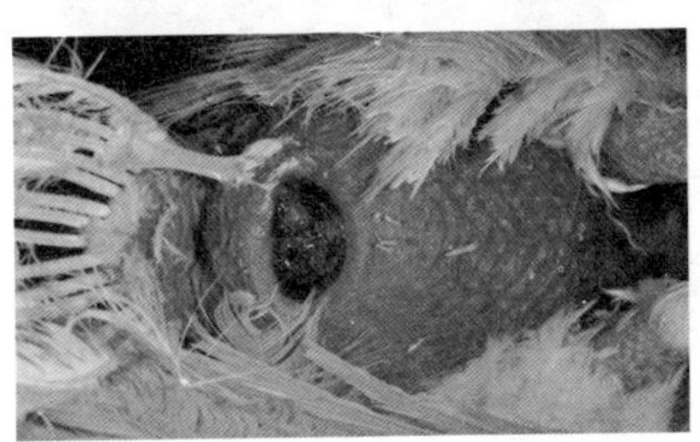

彩图 4.3　腹部皮肤充血，肛门发生炎症

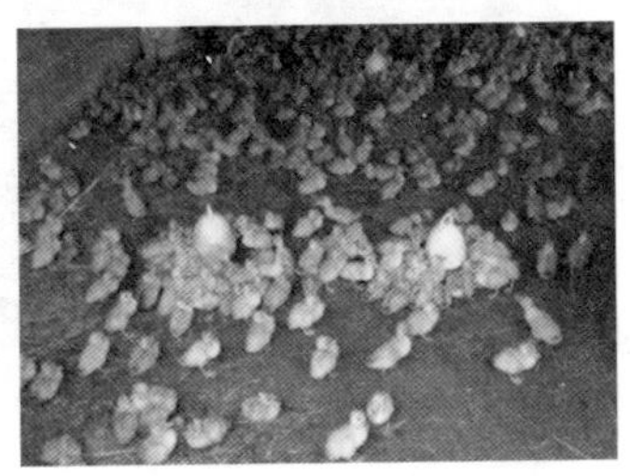

彩图 4.4　群体检查收集更多信息

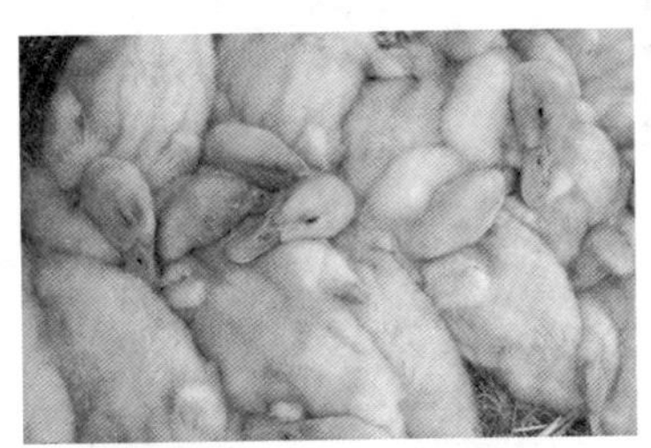

彩图 4.5　精神委顿，伏卧不起

彩图 4.6　粪便中带血

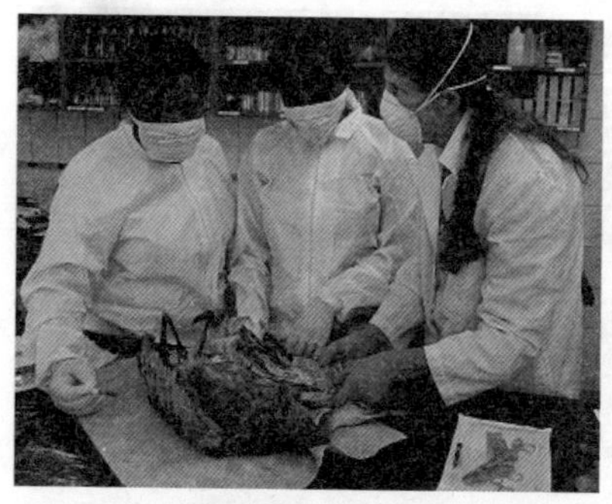
彩图 4. 7　剖检病死鸭最好在剖检室内进行

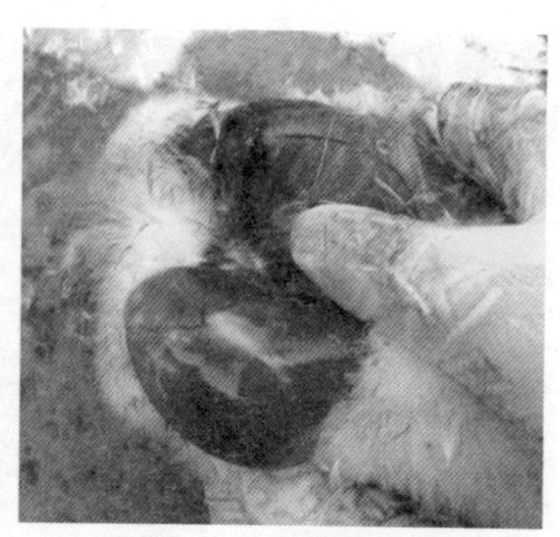
彩图 4. 8　鸭瘟腿肌出血

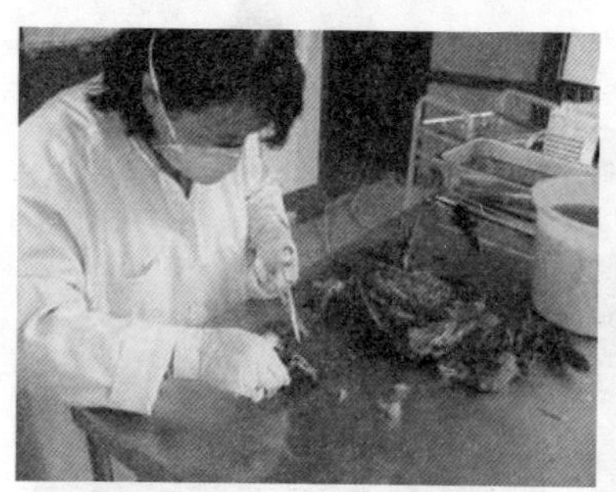
彩图 4. 9　采取病料

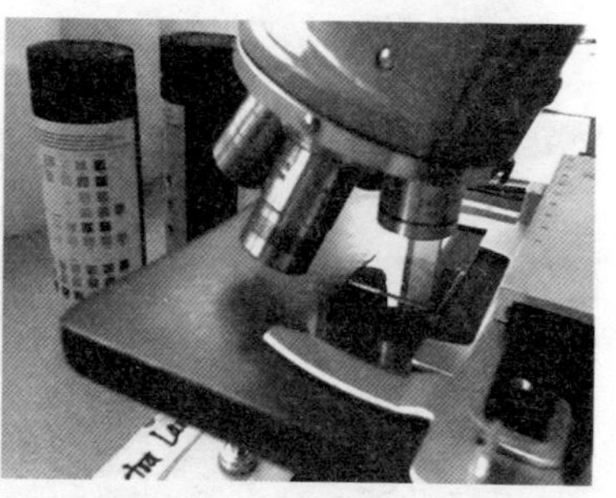
彩图 4. 10　制成切片后镜检

彩图 4. 11　药敏试验

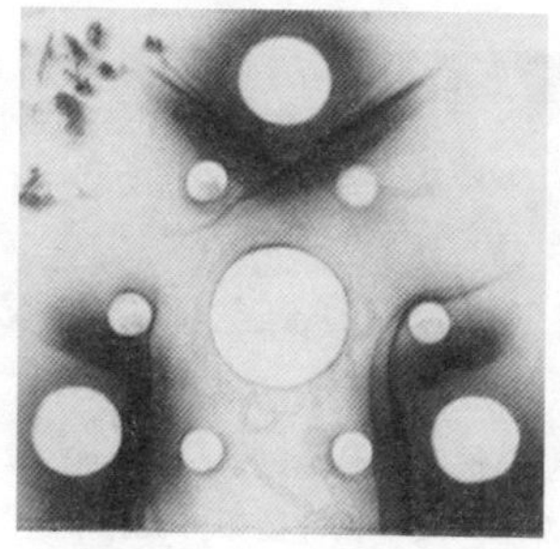
彩图 4. 12　琼脂扩散实验